猶太商法

ユダヤの商法

藤田田

涂綺芳 譯

猶太商法

目次

Part I

這就是「猶太商法」

Part II 藤田田獨創的「猶太商法」

Part III

實踐猶太商法的精髓

Part IV 「銀座的猶太人」之商戰語錄

Part V 捲走4500億日圓的猶太商法

Part VI 猶太商法與漢堡

Part I

這就是「猶太商法」

01

78：22的宇宙法則

「猶太商法」有其獨特的定律，而支持這套定律的，是宇宙的基本法則，也是一種無論人類再怎麼努力，都無法改變的自然規律。只要宇宙法則在背後支撐，猶太商法就永遠不會有「吃虧」的一天。

猶太商法的基礎，就是「78：22定律」。

嚴格來說，78與22之間，存有正負1的誤差，因此，「78：22」有時會變成「79：21」，也可能是「78.5：21.5」。

比方說，請您思考一個正方形及其內接圓形的關係。如果正方形的面積為100，那麼它內接圓形的面積就是約78.5——假設正方形扣除內接圓形約78的面積，剩餘部分的面積就是約22。您可以畫一個邊長為10公分的正方形，親自計算即可發現，內接圓的面積與剩餘面積的比例，完全符合「78：22定律」。

此外，空氣中的成分比例也是如此。眾所周知，空氣中氮氣所占的比例為78％，而氧氣等其他氣體則占22％。無獨有偶的，人體也是由78％的水分，加上22％的其餘物質所組成。

這個「78：22定律」，即是一種人類力量無法改變的宇宙自然法則。即使人類試圖創造一個氮氣占60％、氧氣占40％的空間，我們也無法在這樣的環境中生存。同樣的，如果人體內的水分比例下降到60％，人類也無法存活。也就是說，「78：22定律」絕不會變成「75：25定律」或「60：40定律」，因為這是一個永恆不變的真理。

賺錢的法則也是78：22

「78：22定律」構成了猶太商法的基礎。

舉例來說，您認為在現實生活中，「想把錢借出去的人」多，還是「想借錢的人」多呢？答案顯然是「想把錢借出去的人」更多。

一般人可能會認為「想借錢的人」更多吧。但事實卻恰恰相反。銀行的運作模式，便是從大量存戶那裡吸收資金，然後將一部分資金借給有需要的人。如果「想借錢的人」更多，銀行早就破產了。

同樣的，對上班族來說，只要有「能賺錢」的機會，大多數人都會選擇成為「出借方」。許多人之所以會掉進像公寓投資這類金融詐騙陷阱，就是「想把錢借出去的人」多於「想借錢的人」的有力證明。

從猶太人的角度來說，這個世界就是由78％「想把錢借出去的人」和22％「想借錢的人」所組成的。也就是說，在「金錢出借者」與「借款需求者」之間，同樣存在著「78：22定律」。

過去，我自己也曾多次運用「78：22定律」來賺錢。接下來，我要和各位分享我的真實經歷。

02 從有錢人的身上賺錢

每一年，日本稅務署都會公布年收入超過1000萬圓以上者的資料（目前已停止公布），我認為，這個階層的人正是我們公司最重要的客戶，說白了，如果跟這些人做生意的話，肯定能賺到不少錢。

跟一般大眾相比，富人的數量雖然沒那麼多，但正如其名，這些人所掌握的財富遠遠超過一般大眾。

假設把人世間的總財富視為「100」的話，一般大眾持有的財富僅占22%，而少數富人則持有剩餘高達78%的財富。也就是說，和富人做生意，肯定能帶來更豐厚的利潤。

完全成功！我的鑽石銷售策略

昭和44年（1969年）12月，我在年底的送禮季節前往東京的A百貨公司，向其提出「讓我賣鑽石」的請求，對此，A百貨的負責人露出一副難以置信的表情看著我。

「藤田先生，這未免太異想天開了吧。現在可是送禮的旺季，即便是有錢的客人，在這個支出較多的時期，他們也不會考慮買鑽石的！」

儘管如此，我並沒有放棄。在我的死纏爛打之下，A百貨終於讓步了，他們允許我在他們旗下一間離市區較遠的B分店中，以一個小櫃位來嘗試銷售鑽石。無論是地理位置或客群，B分店都明顯比其他的銷售地點差，但我仍欣然接受了這個機會。

我立刻跟紐約的鑽石廠商聯絡，訂購了一批價格合理、經過適當切割的鑽石，並趕在年底的促銷檔期中上架。結果出乎意料，這些鑽石賣得非常好。僅僅一天的銷售時間，我身旁的人都說，若能賣出300萬圓就已經算是相當好的成績了，但我卻創下單日5000萬圓的驚人營業額紀錄。趁著這波熱潮，從年底到年初這段期間，我也開始在近畿和四國地區做起鑽石的生意，而每一個銷售點都確實達成了5000萬圓的營業額。

此時A百貨終於按耐不住了，表示要提供更多銷售點給我。然而，由於東京地區已經在B分店銷售過一次鑽石，他們對跟我進一步合作仍顯得有些猶豫。

A百貨表示：「若接下來，一天能賣到1000萬圓就可以了。」而我則回覆對方說：「不，我會在活動期間賣出3億圓給你們看！」

瞄準「一般人也買得起的奢侈品」

後來，A百貨於昭和45年（1970年）12月開始銷售鑽石，原本認為能賣到1000萬圓就已經相當不錯了，結果卻創下高達1億2000萬圓的營業額。

翌年（昭和46年，1971年）2月，鑽石促銷期間的總營業額更是突破3億圓，就連四國地區的營業額也超過了2億圓。

在百貨公司的眼中，鑽石這類商品一直被視為像是汽車中的「凱迪拉克」（Cadillac）或「林肯」（Lincoln）這樣的奢華品牌，而我則將其重新定位為日本國產車中的「青鳥」（Bluebird）或「勝利」（Cedric）這類「輕奢侈品」。我認為，鑽石的銷售之所以能取得成功，正是因為「平民也能負擔得起的高級品」這個概念深入人心。

對於稍微有點錢的人來說，這樣的產品無疑會激起他們的購買慾望，而且價格也在他們負擔得起的範圍之內。我認為，這正是鑽石的吸引力所在。而那些有錢人果然如預期般，豪氣地以標價購買了這些鑽石。

03 把數字融入日常生活

我之所以一開始就提到「78：22定律」，一方面是想說明「猶太商法」有一套依循的法則，另一方面則是為了強調，猶太人對數字的敏銳度極高，而這恰好是他們的一大特徵。

生意人具備良好的數字概念固然重要，但猶太人對數字的敏銳度與掌握能力尤其值得一提。猶太人平時便將數字融入生活中，甚至將數字視為是生活的一部分，這是他們與眾不同之處。

舉例來說，日本人經常說：「今天真是熱到爆炸啊！」或「天氣好像變涼了呢！」然而，猶太人會把冷熱的感受具體化為數字，例如「今天是華氏80度」、「現在是華氏60度」，他們會準確地讀取溫度計上的數字。

熟悉數字並培養良好的數字概念，這不僅是猶太商法的基礎，更是賺錢的根本。如果你想賺錢，就必須將數字融入日常生活中，與數字建立緊密的關係。若只在做生意時才突然想起數字，那就太遲了。

日本人在遇到無法以邏輯解釋的事物時，往往會歪著頭感嘆說：「這真是不可思議啊！」

但在我看來，正是這種態度讓日本人不擅長賺錢。事實上，「不可思議」本身就是一個數字單位，而只要是數字，便一定可以用邏輯解釋清楚。

比「不可思議」更大的數字單位——無量大數

談到數字的單位，從個、十、百、千、萬，到億、兆、京……這些單位對大家來說都耳熟能詳。然而，問題出現在這之後。

「京」的後面是「垓」，接下來依序為「秭」、「穰」、「溝」、「澗」、「正」、

「載」、「極」、「恆河沙」、「阿僧祇」、「那由他」、「不可思議」——這些都是實際存在的數字單位。而在「不可思議」之後，還有「無量大數」。也就是說，即便「不可思議」的位數已經非常龐大，但仍然小於「無量大數」。

然而，對於不擅長數字的日本人來說，有多少人能夠正確回答「不可思議」是數字的單位呢？

另一方面，猶太人則對數字充滿自信。在猶太人的包包裡，幾乎都會放一把計算尺。他們相信「數字」是一切的基礎，而他們對數字的敏銳度讓他們在商業競爭中無往不利。

我再強調一次，「猶太商法」有一套依循的法則，而其商法的第一步，就是要對數字保持敏銳。

猶太人會自信滿滿地說道：「如果偏離這個法則，你就賺不到錢。如果你不想賺錢，那麼做什麼都可以。畢竟，這個世界上還是有些人，即便只是雕刻石頭也能感到快樂。但如果你想賺錢，那麼就絕對不能違背這個法則。」

問題是，「猶太商法的法則真的正確嗎？」

「放心吧！猶太人長達五千年的發展史，足以證明這些法則的正確性。」他們總是抬頭挺胸、充滿自信地如此宣示。

04 掌控世界者，名為「猶太商人」

戰後的日本經濟成長堪稱令人驕傲，成就卓越。

然而，日本在戰後能夠有如此的成長，其實要歸功於猶太人。正是因為猶太買家從日本採購大量商品，日本才得以累積美元儲備，進而帶來了繁榮與富裕。

所謂的猶太人，並不是專指以色列人。猶太民族擁有多樣化的國籍，有的是美國人，有的是蘇聯（現俄羅斯）人，還有德國人、瑞士人，甚至包括膚色偏深小麥色的敘利亞人。儘管國籍各異，但他們同樣都有著高挺的鷹勾鼻，以及長達兩千年被迫害的歷史。如今，猶太民族搖身一變，已經成為掌控世界的主人，這麼說一點也不為過。

現今掌控美國經濟命脈的，是不到全美人口2％的猶太人。就算把全世界的猶太人全部加起來，也僅有約一千三百萬人，相當於東京一個都市的總人口。但即便如此，許多歷史性的重大發現，或是人類不朽的名作等，皆是出自猶太人之手。

隨便舉幾位有猶太血統的名人，馬上就能聯想到畢卡索、貝多芬、愛因斯坦、馬克思、耶穌基督……。

引領世界潮流的猶太人形象

沒錯，耶穌基督也是猶太人。然而，世上似乎有許多人認為耶穌不是猶太人，甚至認為是猶太人殺了耶穌。但事實上，這種說法大錯特錯！

猶太人所信仰的猶太教只承認唯一的神，更沒有「神之子」的概念。猶太人只是單純不認同自稱為「神之子」的耶穌罷了。

「猶太人處決了同為猶太人的耶穌，卻因此被全世界迫害了整整兩千年……還有比這更荒唐的事嗎？耶穌被處決這件事，既和我們猶太人毫無關係，也和全世界其他人毫無關聯。」只要一提到跟耶穌有關的話題，猶太人往往會像這樣抱怨。

如果象徵自由世界的耶穌基督是猶太人，那麼共產主義的「神」——馬克思也是猶太人。

「資本主義與共產主義的敵對關係，說到底，只不過是兩位猶太人思想上的對立罷了。無論哪一方，他們都是我們的同胞。」每當美國與蘇聯劍拔弩張之際，猶太人便會用這種說法來潑雙方一盆冷水。

無論是世界第一的財閥羅斯柴爾德家族、天才畫家畢卡索、二十世紀的偉大科學家愛因斯坦，還是第二次世界大戰時的美國總統羅斯福，以及促進中美關係的關鍵人物、時任美國國家安全顧問的季辛吉（Henry Kissinger），這些人全都是猶太人。

然而對我而言，歐美幾乎所有知名的商人，都是猶太人——這才是最重要的事。只要您想和歐美的商人做生意，無論您喜不喜歡，您一定得接觸猶太人，因為這個世界就是由猶太人支配的。

05 世上沒有所謂「乾淨的錢」或「骯髒的錢」

日本人對金錢的來源總是會斤斤計較，他們習慣區分金錢的來源，認為從風俗業或陪睡等方式賺來的錢是「骯髒的錢」，而腳踏實地工作、被壓榨後得到的報酬才是「乾淨的錢」。但在我看來，這種觀念再荒謬也不過了。

一張鈔票上絕不會寫著「這是開拉麵店賺來的錢」；酒吧媽媽桑錢包中的千

圓紙鈔上也不會寫著「這是從喝醉客人那裡賺來的錢」。每張鈔票不會註明它的出處，也不會附上它的履歷表。換句話說，金錢根本就沒有「乾淨」或「骯髒」的分別。

06 商人要貫徹「現金主義」

猶太人對現金的堅持，源自於他們的生活信念。在「猶太商法」中，唯一能夠在天災人禍中保障自己活到明天、賴以生存的東西，就是現金。他們甚至不信任銀行中的存款，認為現金才是唯一的真理。

在與他人進行商業上的往來時，他們也會以「現金」來評估對方。

「那個男人實際能拿多少現金出來？」

「那間公司的資產如果換算成現金，能值多少錢？」

所有的判斷與決策，都以「換算成現金」這個基準來進行。即便確定自己的交易對象在一年之後會成為億萬富翁，但沒有人能保證明天他是否會遭遇意料之外的變故。

人類、社會、自然界每天都在變化，這是猶太教神的旨意，也是猶太人的信念。而唯一不會改變的，就只有現金。

07 為了賺利息，把錢放在銀行裡會吃虧

猶太人不信任銀行存款，是有其原因的。

把錢存入銀行，確實能獲得利息收益，存款也會隨之增加。然而，在利息增加的同時，物價也在上漲，貨幣的價值會隨之下跌。此外，就現行的制度來說，一旦存款人過世，還會被國家徵收大筆的遺產稅——根據稅法的基本原則，無論

多麼龐大的資產，經過三代的繼承之後幾乎會被消耗殆盡。這是世界各國普遍存在的情況。

雖然目前日本有不記名存款的制度，但並非所有人都能使用，未來也勢必會像西歐國家那樣被廢除。因此，財產最好是以現金的形式持有，這樣才能避免因遺產繼承而被徵收大筆稅金。

從遺產稅這一點來看，猶太人認為把錢存在銀行，最終會是一筆虧損的買賣。

相較之下，現金雖然不會產生利息，錢不會因此增加，但也不會像銀行存款那樣留下痕跡，因而無須擔心因遺產繼承問題而被大幅徵稅。雖然現金不會增值，但也絕不會減少。對猶太人而言，「不會減少」就意味著「不會吃虧」，這是保護財富的基本原則。

08 把錢放在銀行保險箱並不安全

昭和43年（1968年）秋天，我拜訪了紐約飾品商人迪蒙德（Demond）先生的辦公室。無需多言，既然是美國一流的飾品商，他自然是猶太人。迪蒙德先生是一個從以前就不斷向我強調「銀行無用論」的男人。

當時，我相當失禮地問他：「迪蒙德先生，如果您不介意的話，能讓我看看您持有的現金嗎？」

迪蒙德先生毫不猶豫地爽快答應說：「沒問題，明天你來一趟銀行吧！」

隔天早上，我與迪蒙德先生在銀行見面。他帶我進入銀行昏暗地下室的保管區，來到一個隱密角落，打開了他的保險箱。那個場面真是壯觀無比——保險箱裡塞滿了世界各國的紙鈔和金塊，若粗略換算成日圓，大約價值2、30億日圓。

其中，有嶄新的鈔票，也有五、六十年前發行、令人懷疑現在是否還在流通的舊鈔。所有鈔票全都整齊地捆綁、堆疊著。也就是說，迪蒙德先生並不是把這些錢「存放」在銀行裡，而是讓這些錢在銀行中受到安全的「管理」。

銀行的保險箱是虛張聲勢的老虎嗎？

昭和45年（1970年）1月，迪蒙德先生因為談生意的關係來到日本，並造訪我的辦公室。為了答謝他在紐約的款待，我主動提出：「這次就讓您看看我的保險箱吧！」

我的保險箱位於我公司同一棟大樓一樓的S銀行新橋分行。

我們搭乘電梯來到地下一樓的金庫。才剛出電梯，便看到一位年輕的接待小姐微笑著迎接我們。

「歡迎光臨，藤田先生，請問您保險箱的號碼是？」

我報上號碼後，接待小姐拿出鑰匙打開了我的保險箱。

「Oh No！」回到辦公室後，迪蒙德先生立刻用誇張的手勢向我提出忠告。

「我絕對不會使用這麼危險的保險箱！你看，從電梯一出來就是保險箱的接待處，而且接待的人還是一位年輕小姐！萬一哪天銀行搶匪拿著機關槍闖進去，誰能保護你的財產呢？我可不想把自己的財產放在這種保險箱裡，真正的保險箱，必須放在能保證絕對安全的場所才行……日本銀行的保險箱就像虛張聲勢的紙老虎一樣，若是發生緊急狀況，恐怕一點用處也沒有吧！」

迪蒙德先生恐懼地聳了聳肩。他似乎對初次見到的日本保險箱非常在意，喋喋不休地說個不停。

「我之所以把現金放在銀行的保險箱裡，是因為我相信它一定能保障我的財產安全，但日本的銀行保險箱，看起來就只是銀行提供的其中一項服務而已，風險實在太高了……」

看來，對原本就不怎麼相信銀行的猶太人來說，日本銀行的保險箱根本不適合用來存放現金。

09

鎖定「女人」相關的商品

「猶太商法僅販售兩種商品：女人與嘴巴。」

這句話在我從事貿易工作近二十年來，不知道聽過了多少次。猶太人稱此為「猶太經商之道四千年的公理」，同時強調「因為是公理，所以無需證明」。

不過，為了便於理解，以下我會進一步解釋來加以證明。

猶太人的歷史自《舊約聖經》以來，至昭和47年（1972年）已有五千七百三十二年。也就是說，在猶太人的曆法中，昭和47年對應的是「5732年」。

根據猶太教五千七百多年的歷史，男人的職責是努力工作賺錢，而女人則以男人賺來的錢維持生計。所謂的「經商」，本質上就是把他人的錢收入自己囊中。因此自古以來，無論在哪個時代、哪個地區，「想賺錢就必須瞄準女人、奪取她們手中的財富」。這正是猶太商法的公理，而「鎖定女人」也成為猶太商法的經典格言。

如果您認為自己擁有超乎常人的商業才能，那麼以女性作為生意目標，肯定能成功。就算您不相信，至少也要先嘗試看看，結果一定會讓您大吃一驚。

相反的，如果您想做男人的生意，難度就比賺女人的錢要高出十倍以上。為什麼呢？因為男人原本就沒有多少錢可以掌控。說得更直白一點，男人並沒有真正「花費金錢」的權限。

正因如此，以女性作為生意對象就容易多了。綻放神祕光芒的鑽石、華麗的禮服、戒指、胸針及項鍊等飾品，或者是高級皮件……這些商品全都擁有豐厚的利潤，等著生意人來挖掘。只要您想做生意，就絕不能錯過這些機會。您應該毫不猶豫地出手，抓住這些可以帶來豐厚利潤的商機。

10 鎖定「嘴巴」相關的商品

女性用品雖然容易賺錢，但經營這類商品需要有一定的才能，從選品到銷售，都離不開「商業才能」。

然而，猶太商法的第二類商品——「嘴巴」，則是任何人都能涉足的領域，即便是才能平庸之輩也可以經營。

所謂的「嘴巴」，指的是「所有可以放入嘴巴之物」的生意。

舉凡蔬菜店、魚店、酒鋪、乾貨店、米店、零食店、水果攤等，還包括那些將食品加工後再販售的小吃店、餐廳、酒吧、夜總會和俱樂部等皆屬此類。說得更極端一點，只要是能放進嘴巴的東西，即使是毒藥也可以成為商品。這類生意必定能帶來現金收入，而且保證有利可圖。

這類生意能夠賺錢，甚至可以從科學的角度來解釋。

放進口中的食物一定會被消化、最後排出體外。無論是一支50圓的冰淇淋，還是一塊1000圓的牛排，在幾個小時之後都會轉為廢棄物排泄掉。換句話說，人們每分每秒都在消耗這類商品，而幾個小時後，又會對新的商品產生需求。這類商品在一天之內即可被消耗完畢，這是其他商品無法比擬的特點。

即使是周末假日，這類商品依然能持續帶來收益。除了銀行存款的利息之外，只有這類「嘴巴商品」能做到這一點。因此，這是保證能賺到錢的生意。

只不過，跟前述的「女人商品」相比，「嘴巴商品」的錢並沒有那麼容易賺，這也是為什麼猶太商法將女性用品視為「第一選擇」，而將放進嘴巴的商品視為「第二選擇」。

在被譽為「商業才能僅次於猶太人」的華僑[1]中，許多都選擇經營「嘴巴商

1 這裡的「華僑」指的是活躍於全球各地的華人商業群體，他們被認為是與猶太商人齊名的成功經商代表。

品」，而猶太商人之所以認為自己的商業才能優於華僑，是因為大多數猶太商人主攻的都是第一選擇的「女人商品」。

透過「漢堡」將日本人改造成金髮人

過去我做的生意，都屬於第一選擇的「女人商品」，像是皮包和鑽石等，但從今年開始，我也開始進軍第二選擇的「嘴巴商品」了。我與美國最大的漢堡製造商麥當勞合作，成立了「日本麥當勞公司」，並擔任該公司的社長。我希望能透過這間公司，讓日本人能以便宜的價格享用漢堡。

整體來看，日本人攝取蛋白質的比例偏低，因此身材普遍矮小，體力也不足。如果想在國際競爭中勝出，就必須從提升體力開始。我選擇進軍漢堡市場，就是因為我希望改變日本人的體質。

如果日本人在接下來的一千年裡持續攝取肉類、麵包和薯製品的話，他們應該也能成為皮膚白皙的金髮人。我希望透過漢堡這個食物，將日本人改造成金髮一族。

在歐美國家，就連設計一條領帶，也會根據頭髮和瞳孔的顏色來選擇合適的花紋，例如適合金髮碧眼，或適合棕髮灰眼的圖案設計。

然而，日本人無一例外都是黃皮膚、黑髮黑眼。因此，適合日本人的顏色只有一種，那就是《忠臣藏》中的淺黃色或水藍色[2]。正因如此，日本在設計領域至今都未能有重大突破，因為適合日本的顏色實在太單一了。

黃皮膚、黑髮、黑瞳孔的日本人，是典型的單一民族國家。如果政治家或企業家連這樣單純的國家都無法好好管理，怎麼能指望他們在全球稱霸呢？

日本人變成金髮人的那一天，將是日本人真正能在世界舞台上站穩腳跟的一天。直到那一天到來，我都會全力以赴，讓大家吃上漢堡。

2 《忠臣藏》是日本家喻戶曉的忠義故事，多次被改編成戲劇及電影。故事中的赤穗藩武士多穿著淺黃色或水藍色服飾，在此用以形容日本人在選擇顏色時的單調性。

11 外語是商業決策的基礎

做生意時，最重要的事莫過於「決策的精準度與反應的速度」。我剛開始跟猶太人做生意時，他們做決策的精準度和速度，讓我倍感驚訝。

由於經常要往返全球各地，猶太商人至少都精通兩種外語。他們可以同時用母語與外語進行思考，這代表他們能從不同的角度去通盤理解事物，這對國際商人而言是極大的優勢。因此，比起只會使用一種語言的商人，猶太商人更能做出準確的判斷與決策。

舉例來說，猶太人經常使用「nibbler」（咬邊器）這個英文詞彙，這個詞其實源自於動詞「nibble」，原意是指釣魚時「魚兒反覆啄食魚餌」的動作。在「nibble」的情況下，魚可能會巧妙地把餌吃掉後逃脫，也可能會被魚鉤鉤住而被拽出水面。

猶太人把那些運用「只取利益、巧妙逃脫」手法的商人，稱為「nibbler」。然而，日語中並沒有意思相應的詞彙，因此，只懂日語的商人無法理解「nibbler」的概念，結果就可能導致自己被這類商人徹底占盡便宜後，還讓對方逃之夭夭。而這類日本商人當然也無法成為「nibbler」。

多數的猶太商人都是出色的「nibbler」，如果只靠翻譯居中跟他們談生意的話，最後只能淪為被「nibbler」吃掉的魚餌。

國際商人的第一難關——英語

只會說日語的商人，其思考模式通常會局限在以儒家或佛教精神為基礎的範疇內。當他們遇到完全不了解儒家或佛教的對手時，就會陷入無法溝通的困境。在最糟糕的情況下，甚至會不知道如何應對而陷入僵局。如此一來，商談根本不可能成功。

如果你的目標是賺錢，那麼至少要做到能熟練地掌握英語。日本人能流利地使用公認是世界上最困難語言之一的日語，卻無法掌握相對簡單的英語，對此我覺得相當不可思議。

稍後我會提到，雖然我學生時代的英語很差，但後來學好了英語之後，才得以被冠上「銀座的猶太人」的稱號，並因此累積了一些財富，成為了一位國際商人。因此，我可以肯定地說，「掌握英語是賺錢的首要條件」。英語和金錢密不可分，這絕非是言過其實。

12 商人要養成心算的能力

猶太人是心算的天才。他們決策迅速的祕密，就在於其超群的心算能力。

有一次，我帶一位猶太商人參觀日本一間電晶體收音機工廠。他觀察女性作業員工作了一段時間後，慢條斯理地問了接待員一個問題：「這些工人的時薪是多少呢？」

接待員手忙腳亂地開始算了起來：「呃，她們的月薪平均是2萬5000圓，按照實際工作二十五天計算，日薪約為1000圓。一天工作八小時的話，時薪大約是125圓。若換算成美元或美分的話……」

等接待員算出時薪時，已經過了整整兩到三分鐘。反觀猶太商人，在聽到月薪是2萬5000圓時，早已算出「時薪大約是35美分吧」的答案。而在接待員還在計算的同時，猶太商人已經從工人的數量、生產力和原料成本中，估算出每台收音機的利潤了。

正因為心算快速，猶太商人才能始終保持迅速的決策能力。

13 做生意一定要勤做筆記

猶太人無論身在何處，他們都會把重要的事情記在筆記上。這些筆記對他們的決策貢獻良多。

雖然說猶太人勤於做筆記，但這不代表他們總是隨身攜帶筆記本。猶太人會把香菸從菸盒移到專用的盒子裡，然後把空的菸盒當作筆記本使用。如果在談生意時需要記錄，他們會拿出香菸盒，把筆記抄寫在背面，隨後再將之整理到正式的筆記本中。

從這個記筆記的習慣，即可看出猶太人絕不允許「猶太商法」中出現任何模稜兩可之事的態度。即便決策速度快，但如果關鍵的日期、金額或交期不夠明確，一切的努力都會付諸東流。

相較之下，日本人有一個壞習慣，那就是重要的事情經常左耳進、右耳出，喜歡用「大概就好」來敷衍了事。

「當初談好的交期，應該是○月○日吧？還是△日呢？」

日本人會若無其事地說出這樣的話，甚至用這種模稜兩可的態度來裝傻。但這些說法對猶太人完全行不通。

「哦，我搞錯了，應該是△日對吧！我一直以為是○日呢……」

這種辯解不僅毫無意義，甚至可能會導致毀約、跳票，進一步招來對方的求償。

「猶太商法」沒有任何模糊不清的空間，也沒有「記錯」這回事。哪怕是微不足道的小事，你也應該不厭其煩地將它記錄下來。

14

累積「雜學」知識

當你實際跟猶太人相處過後，你就會發現他們堪稱是「雜學博士」。而且，他們所具備的知識，並非只是粗淺的了解，而是到了博學多聞的程度。

在跟猶太商人聚餐時，你會對他們能討論政治、經濟、歷史、運動、休閒等話題的多樣性和豐富性而驚嘆不已，即便是看似與生意毫無關聯的事，例如大西洋深海魚類的名稱、汽車的結構、植物的種類等知識，猶太人也都如數家珍，甚至媲美專家的水準。

這些豐富的雜學知識，不僅使猶太商人能談論多元的話題、人生更加豐富，在商業決策上也能發揮重要的作用。透過這些雜學知識，他們的視野更加開闊，也更能做出精確的判斷。

相較之下，「商人只要會打算盤就好」的日本式想法，無疑是狹隘且與「猶太商法」背道而馳的觀念。只能從單一角度看待事物的人，不僅是半吊子的人，更是不及格的商人。

解決短小自卑的方法

在日本，男性普遍有那話兒「短小」的困擾，而女性則會煩惱胸部過小。猶太人雖然不愛談論性事，但某次我跟猶太人恰好談到這個話題時，他們若無其事地給出了一個建議：

「由上往下看時，才會覺得差強人意。此時不妨試著正對鏡子觀察自己。無論是那話兒短小或胸小的煩惱，都會因此煙消雲散。其實，面對任何事都是如此，應該試著從不同的角度去看待它們，無論由上往下，或由下往上，都可以改變對事物的看法。」

15

不要把今天的爭執，留到明天

猶太商人在談生意時總是會帶著微笑。無論是在陽光明媚或狂風暴雨的早晨，他們都會微笑著對你說聲：「Good morning！」

只不過，一旦商談開始，他們就會變了一個人。

猶太人對於跟錢有關的事，都會極其吹毛求疵，哪怕只是一點蠅頭小利，或者是契約書上的細微格式，他們都會為此爭論到面紅耳赤，有時甚至會演變成激烈的口角衝突。

猶太人無法接受日本人習慣的「尚可主義」。如果雙方的意見分歧，他們會徹底討論哪一方的意見更為合理。在這個過程中，激烈爭論演變成相互謾罵是家常便飯，要在一天之內圓滿結束商談，幾乎是不可能的事。通常第一天的商談，雙方都會不歡而散。

至今，我已記不清自己究竟多少次與猶太人爭論到面紅耳赤，然而，碰到這種情況，日本人往往會選擇中斷商談。即便沒有中斷的打算，在吵了架之後，日本人往往也會選擇先冷靜一陣子，否則根本無法鼓起勇氣面對對方。

然而，猶太人卻能做到隔天若無其事、笑瞇瞇地對你說：「Good morning！」主動向你打招呼。

就我而言，前一天剛吵完架的激昂心情還沒有完全平復，而對方冷靜的反應往往會讓我感到愕然或困惑，甚至會有一種被打亂陣腳的感覺。

「說什麼『Good morning』，你這個洋鬼子！該不會把昨天的事忘得一乾二淨了吧！」

儘管內心充滿憤怒，我也只能努力壓抑情緒，裝出沒事的樣子，一邊跟對方握手，但卻對內心的動搖無能為力，始終無法放下心來。

在這種情況下，就像陷入對方設好的圈套一樣。對方似乎早已看穿我方的動搖，在微笑的同時，逐漸掌握主導權，開始發起進攻。結果就是，我方最終在混亂中被迫接受了對方的條件。

支撐「忍耐」的理論

猶太人有一句話說：「人的細胞無時無刻都在更新，因此，昨天吵架時你身上的細胞，到了今天早上已全數替換成新的細胞了。吃飽時跟挨餓時的想法本來就會有所不同。而我只是在等你的細胞更新罷了。」

猶太人不會白白浪費他們兩千年來，因為受到迫害而不斷積累的忍耐精神。他們發展出了一套在忍耐中依舊能獲取利益的經商之道。

「人是會改變的；當人改變之後，社會也會跟著改變；當社會改變之後，猶太人也必將重生。」這正是猶太人在歷經兩千年的忍耐後，所養成的樂觀主義，也是猶太史所孕育出的民族精神。

16 比起忍耐，「及時停損」更重要

雖然猶太商人擁有極大的耐心，願意等待對方改變心意，但只要他們判斷某一門生意不划算，別說等三年了，半年之內他們就會果斷收手。

當猶太人決定投入資金與人力到某項生意時，他們會準備好三種不同時間框架的計畫藍圖，分別是一個月後、兩個月後與三個月後的計畫。

在一個月之後，即便實際成果與計畫藍圖有很大的落差，他們也不會表現出絲毫的不安或動搖，反而會加碼投入資金。

兩個月之後，若差距依舊存在，他們還是會進一步投資。

但到了第三個月，倘若實際狀況依然不如預期，也看不到生意即將好轉的明確跡象時，他們就會果斷地收手。即便這代表必須放棄已投入的資金與人力，猶太人依舊能保持冷靜。因為他們認為，能夠及時抽身，避免損失擴大，反而是一種解脫。

猶太人會事先針對投入三個月資金的最糟狀況進行預測，由於是在早已設定好的容許範圍內進行投資，所以即便結果不理想，他們也不會因此感到悔恨或煩惱。

「達摩」不懂怎麼做生意

相較之下，日本人經常因為忍耐而令自己陷入困境。

「好不容易走到這裡了，再堅持一下吧……」

「如果現在放棄的話，那麼過去三個月的努力都白費了……」

懷著這樣的念頭，他們繼續掙扎，最終往往會陷入更深的泥沼，甚至面臨難以彌補的損失。

日本人深信，堅持不懈的努力是成功的關鍵，包括「達摩面壁九年」、「鐵杵磨成針」等格言，都在強調這種不屈不撓的精神。然而，這種觀念在「猶太商法」面前根本不堪一擊。

忍受迫害長達兩千年的猶太人，比動不動就想切腹、自我了結的日本人更有忍耐力。但即便如此，猶太人最多也只願意等待三個月。

「及時停損值千金」——這是您絕對要銘記在心的事。

17 社長的工作是打造一間「能高價賣出的公司」

經營一門生意時，若超過三個月仍無法見到明確的獲利，猶太商人便會毫不猶豫地從這門生意中抽身。他們對於自己用血汗創辦的公司，不會抱持任何主觀情感，因為對他們來說，做生意最忌諱感情用事——他們相信的是三個月內的數字，個人情感則完全不會列入考量。既然做生意的目的是為了賺錢，那就應該冷靜地將理性主義貫徹到底。

即便是自己的公司，為了賺錢，猶太商人也會毫不猶豫地割捨。在「猶太商法」中，只要能帶來豐厚利潤，公司本身也能成為一項商品。

我見過許多猶太人，從一間小工廠起家，歷經千辛萬苦，最終公司發展成業界的中堅企業。然而，當他們認為時機成熟，就會迅速賣掉自己的公司。

根據「猶太商法」的邏輯，當公司營運狀況良好且獲利持續成長時，正是將之高價賣出的最佳時機。

猶太人享受創立能取得佳績的公司，同時也樂於把這些公司賣掉，大賺一筆，接著再去創立下一間成功的公司。「讓自己的公司能夠以高價賣出」，這就是猶太式的公司觀。對猶太人而言，公司並不是用來寄託感情的地方，而是用來榨取利益的工具。

正因如此，猶太人絕不會不計代價地死守一間虧損的公司。「猶太商法」有一句格言說：「要死也要死在辦公室裡。」

這句話的意思是「賺錢要賺到死，直到死前都還要繼續做生意」，而不是要你「死守公司」的意思。

因「肺結核」而大賺的美國頂尖旅行袋品牌

現今，「S」這個品牌已成為旅行袋的代名詞，該公司的旅行袋銷量名列全球第一。這間公司能走到今天，全拜公司創辦人的肺結核所賜。

不用說，這位創辦人正是一位猶太人。

S公司的總部原本位於芝加哥，但由於該地的空氣污染很嚴重，公司創辦人不幸罹患肺結核，而他的主治醫生建議他移居到南方療養。於是，這位老闆果斷地把芝加哥的公司賣掉，搬到美國南方。只不過，等一切安頓好之後，他並沒有專心靜養，而是在那裡設廠，重新開始生產旅行袋。

無論是果斷賣掉芝加哥公司的決斷力，還是到一個新地方重新開始的行動力，這位猶太商人都展現了「就算要死，也要死在辦公室裡」的精神。正因如此，他才能成為世界第一的旅行袋之王。

18 契約是人與神的約定，絕不容破壞

猶太人被稱為是「契約之民」，而猶太商法的精髓，就體現在「契約」上。猶太人一旦簽訂了契約，無論發生任何事，他們都會堅守承諾。同時，他們也會嚴格要求契約的另一方履行其義務。面對契約，絕不允許有含糊不清或得過且過的態度。

正如同「契約之民」的稱號，猶太人信奉的猶太教也被稱為是「契約之宗教」；《舊約聖經》更被視為是「神與以色列人民的契約書」。

猶太人深信，人類之所以存在，是因為「人與神締結了契約」，而他們無論如何都不會違背與神的約定。猶太人認為，人與人之間的契約，就跟人與神之間的契約一樣，不容破壞。

因此，在猶太人的字典中，沒有「不履行債務」這個詞。他們會嚴格追究違約方的責任，毫不留情地要求違約方賠償損失。日本人之所以難以獲得猶太人的信任，正是因為日本人在履行契約上常有疏漏之處。

19

「契約」也是一項商品

為了賺錢，猶太商人會將自己的公司當作商品出售，他們甚至還會若無其事地把生意上的契約賣掉。在「猶太商法」中，公司與契約都是可以買賣的商品。

或許讓人難以置信，但有些猶太商人專門在做「購買契約」的生意。他們買下契約後，會代替原契約方執行業務，從中賺取利益。當然，他們僅會收購那些由可信任的商人所簽訂、安全無虞的契約。

這些從事契約收購、從中賺取利益的猶太人，被稱為「Factor」。這種商業模式在日本並不存在，因此也沒有合適的日文對應詞彙。一般來說，「Factor」會被翻譯成「仲介人」或「代理商」，但這兩種譯法並不貼切。

無論是貿易商還是日本的大型商社，幾乎都會接觸到Factor。尤其是外派至海外的商社代表，多半都會跟Factor建立關係。猶太人的Factor也時常造訪我的公司。

「您好，藤田先生，最近在忙些什麼呢？」

「我剛剛跟紐約一間高級女鞋商簽了一紙10萬美元的進口契約。」

「那真是太棒了！您能不能把這個權利轉讓給我呢？我可以用現金支付你兩成佣金。」

Factor做生意的速度很快，他們會直接切入談判重點。而我方也會快速計算，若對兩成的佣金滿意，就會把契約權利賣給他們。隨後，Factor就會帶著契約飛到紐約向該鞋商表明：「藤田先生的權利現在歸我所有了！」

我現金入袋，Factor則透過高級女鞋大賺一筆。

「契約商品化」尚未在日本生根

由於Factor本身並不會親自處理契約，他們只會收購可信賴商人的契約。雖然我對這種生意也有興趣，但若契約的對象是日本商人——那些不擅長履約的合作方的話，後續很有可能發生頻繁違約、必須耗費大量精力追討損害賠償的狀況，這讓我遲遲無法下定決心。

從這一點來看，日本商人所制定的契約，或許尚未達到足以將其商品化的程度。就正式商業交易的角度而言，日本還只是一個開發中國家。

20 拉住上吊者的腳——「萬歲屋」的經營之道

並非猶太商法

生意手法看似與Factor一樣，本質上卻截然不同的「萬歲屋」[3]，經常被誤認為是「猶太商法」的一部分，但事實並非如此。接下來我將介紹他們的手法。

所謂的「萬歲」，指的是那些已經束手無策，或瀕臨破產的公司。「萬歲屋」會四處尋找這類公司，當它發現獵物之後，就會像禿鷹般出擊，以殺到見骨的價格，收購這類公司的資產。

而那些瀕臨破產的公司，為了盡可能地減少負債，只能忍痛接受「萬歲屋」的苛刻條件，抱著「多撐一天算一天」的期望，最終被逼得進退失據，只能關門大吉。

「萬歲屋」在鎖定目標時，對那些陷入危機的公司尚存些許的憐憫，但有些惡質的「萬歲屋」，甚至會刻意設下圈套，讓它們鎖定的公司掉進深淵。我自己也曾經著了它們的道，當時我一狀告到時任的美國總統甘迺迪那裡（我會在後面的章節詳述這件事）。

總而言之，「萬歲屋」對日本製造業公司的資訊可謂瞭若指掌，一旦有公司面臨破產危機，消息往往在三小時內就會傳到紐約去。

「藤田先生，A製造商要破產了，請幫我們斡旋他們的產品吧！」

我曾多次在毫不知情的情況下，從紐約的「萬歲屋」那裡獲知這類情報，令我震驚不已。

3 在日本，雙手高舉的萬歲姿勢，也可視為是投降狀。「萬歲屋」即是靠著收購即將倒閉或經營不善的公司，運用惡質手段使其倒閉，最終令對方投降，而自己則是高喊象徵勝利的萬歲。

21 「國籍」也是一種賺錢的手段

高明的賺錢方法，完全不用弄髒雙手。最典型的例子，既不是Factor，也不是「萬歲屋」，而是類似於收取10％手續費、專門買賣收據的「收據屋」。

我的一位猶太友人羅恩斯坦（Lohenstein），正是不用弄髒雙手，卻能每個月進帳巨額收入的代表人物。

羅恩斯坦在紐約帝國大廈附近，擁有一座十二層高的大樓，他在那裡設了一間辦公室。只不過，他真正的國籍是列支敦斯登，他的總公司也設在該國。當然，他不是在列支敦斯登出生的，他的國籍是花錢買來的。

列支敦斯登有公開販售國籍，要價約7000萬日圓。今後無論你的收入多寡，你每年僅需支付9萬日圓的稅金，除此之外，該國不會再向你徵收任何名目的稅金。因此，這裡成為全球富豪夢寐以求的國家。雖然申請購買國籍的人絡繹不絕，但這個小國的人口僅有一萬五千人，可說是一籍難求。

羅恩斯坦便是成功買到該國國籍的人之一，可見他準備得有多縝密。

一個把大企業耍得團團轉的猶太人

羅恩斯坦一開始看上的是奧地利的望族——施華洛世奇（Daniel Swarovski）家族。這個家族世世代代都以製作水晶玻璃仿鑽石首飾為業，其公司規模相當於日本的「新日鐵」（現今的新日鐵住金）[4]。

二戰結束後，施華洛世奇的公司因為在戰爭期間，接受納粹的命令幫德軍製造雙筒望遠鏡等軍用物資，差一點就要被法國軍隊接收。當時仍是美國公民的羅

4　2019年4月1日，該公司更名為「日本製鐵」。

恩斯坦得知此事之後，立即與施華洛世奇家族談判。

「我可以幫你們去跟法國人協商，免去貴公司被接收的命運。條件是，若談判成功，你們必須把銷售代理權讓給我，而且只要我還活著，我都能拿到銷售額的10%。這個提議如何呢？」

施華洛世奇家族對這個猶太人打的如意算盤相當氣憤，但在冷靜思考之後，發現自己別無選擇，只得接受他的條件。隨後，羅恩斯坦便動身前往法軍司令部，鄭重提出他的要求。

「我是美國人羅恩斯坦，從現在開始，施華洛世奇的公司就歸我所有了，這間公司現在是美國的財產，因此我拒絕讓法軍接收它！」

法國人雖然很錯愕，但面對美國的財產，卻也無可奈何，只能接受羅恩斯坦的說詞。後來，羅恩斯坦成立了一間施華洛世奇的銷售代理公司，不花半毛錢便大賺其財。

羅恩斯坦賺大錢的資本

我曾數次拜訪羅恩斯坦位在紐約的辦公室。在大樓櫃臺確認預約之後，接著會被帶往電梯間，上了電梯，門一開啟便是他的辦公室。

那間辦公室內，僅有羅恩斯坦與一位打字員。而那位打字小姐的工作，就是不斷繕打出要寄給全球各個首飾商的發票與收據。

羅恩斯坦之所以能累積巨額財富，靠的其實就是他的「美國國籍」。

他利用這個資本與施華洛世奇家族簽訂了契約。最後當他不再需要這個國籍時，他又迅速將國籍轉換成「列支敦斯登」，為此，他每年只需要繳交約9萬日圓的稅金。

這就是典型的「猶太商人」。

22 與其逃稅，不如賺更多錢來繳稅

猶太商人之所以對列支敦士登的國籍這麼有興趣，是因為該國的稅負非常低。對財源滾滾的猶太商人來說，稅金是一個無法忽視的問題。

但即便如此，猶太人並不會試圖逃漏稅。他們把「稅金」視為是自己與國家簽訂的契約，因此並不會做「逃稅」這種違反契約的事。某些日本商人會聘請專門的會計師來鑽逃漏稅的漏洞，但猶太商人絕不會採取這種做法。

長期受到迫害的猶太人相信，稅金是他們擁有國籍的證據。因此，他們會嚴肅看待「繳稅」這件事。只不過，猶太商人也不會白白地被課稅，在繳稅的同時，他們一定會做等值的生意。猶太人在計算利潤時，一定會以稅後為基準，也就是直接計算稅後的利潤。例如，同樣一筆「50萬日圓的利潤」，日本商人會將之視為是含稅的利潤，但猶太商人則會理解為扣除稅金後的稅後利潤。

如果猶太商人說：「這筆交易我要賺10萬美元。」這10萬美元指的就是稅後淨利。如果稅金是利潤的50％，那麼這筆交易中，猶太人的實際目標就相當於日本人所說的20萬美元利潤。

因逃漏稅而心神不寧的人是笨蛋

某些出國旅遊的人，會試圖在國外購買大量的鑽石，然後偷偷地夾帶回國，結果卻在過海關時被攔下。對此，我覺得相當匪夷所思——為什麼他們不願支付進口稅，光明正大的把東西帶回來呢？畢竟鑽石的進口稅也只不過7％而已，只要在購買時向店家要求7％的折扣，就能完全抵銷稅金成本，但日本人卻連這種簡單的算術都不會。

補充一點，我認為日本現行的稅法有違憲之虞。法律規定人人平等，但「累進稅率」的做法卻對高收入者構成了不平等。無論怎麼看，這都像是違反了憲法。或者是我的理解有誤呢？

收入越高的人，通常代表他投入更多的腦力與體力，工作量是他人的數倍。向這些人徵收累進稅率，實在讓人難以接受。

在國外，社長的薪資標準，是員工平均薪資的五十倍。假設日本員工的平均月薪是10萬日圓，那麼社長的薪資應該是500萬日圓。然而，由於累進稅率的關係，日本的社長通常只求能填飽肚子就好，這無疑是一種悲哀。

我自己就是一名低薪的社長。一想到就算提高自己的薪資，大部分的錢也都會被稅務署收走，我就完全沒心情這麼做了。在我拿到列支敦斯堡的國籍之前，我只能忍受苛刻的累進稅率。累進稅率是萬惡之源啊！

23

「時間」是最貴的商品——不要浪費時間

猶太商法中有一句格言說：「切勿偷取時間。」與其說這句話能帶來直接的財富，倒不如說它是猶太商法的禮儀規矩。這句話旨在告誡我們：哪怕是一分一秒，也不應浪費他人的時間。

猶太人深信「時間就是金錢」。一天八小時的工作時間，他們會以「每一秒值多少錢」的思維來計算。例如，即使打字員知道自己只需要再敲十個字便能完成文件，但只要下班時間一到，他們就會立刻結束工作，起身回家。對於貫徹「時間就是金錢」觀念的猶太人來說，時間被偷走，等同於商品被偷走，也等同於他們放在金庫裡的錢被偷走。

假設一名猶太人的月薪是20萬美元（按1972年匯率，1美元＝308

日圓，約合6160萬日圓），日薪約為8000美元，時薪約為1000美元，每分鐘則價值約17美元。以前面那位打字員為例，在工作時間內，他絕不可能浪費一分鐘與無關緊要的人見面。因為對他而言，若因此浪費了五分鐘，就等於被偷了85美元的現金。

24

把浪費你時間的人當成小偷

我有一位相當優秀、在某知名百貨公司擔任公關的年輕友人。他曾為了做市場調查而造訪紐約，為了有效運用時間，他趁著行程的空檔，拜訪紐約一間知名的猶太系百貨公司。他心想，既然都大老遠跑來了，不如和這間百貨的公關部門主管見上一面再走吧。

於是，他向櫃臺的工作人員表明來意，對方笑著回答他：「先生，請問您預約的時間是幾點呢？」

這位優秀的公關略顯慌張，但隨即鎮定下來，滔滔不絕地解釋自己是日本百貨公司的職員，因為考察而來到紐約。由於熱愛自己的工作，希望能與該百貨的公關主管會面。

「先生，實在非常遺憾……」

他果然還是吃了閉門羹。

這位公關人員抓緊空檔、主動拜訪同業的行為，若是在日本，通常會被視為是值得讚揚的事。即使「突然要求會面」是相當沒常識的舉動，但就他的情況而言，在日本毫無疑問會被認為是「在現在的年輕人之中，他是個難得熱衷工作的傢伙啊」，而不會因為「沒常識」而遭到責難。

然而，對把「切勿偷取時間」當成座右銘的猶太人來說，他們完全無法接受這種重視人情味的日本式做法。對於那些沒有事先預約的不速之客，他們絕對不會開門接待。

「我剛好經過您這裡……」

「我覺得偶爾要來露個臉才對……」

像這樣說著這類理由、突然出現的不速之客，對猶太人來說，只會將之視為是極其惱人的麻煩人物。

日本有句俗語說：「防人之心不可無。」而在猶太商法中，則是「不速之客就如同小偷」。

25 「在預約時間內完事」是談生意的基本功

在談生意的時候，事前向對方預約「何年何月何日，從幾點到幾點」的動作是不可或缺的。

如果原本預約的時間從三十分鐘被對方縮減到十分鐘，我們就必須反省自己要跟對方談的議題，是否只需要十分鐘就能處理完了，並沒有三十分鐘的價值。如果是猶太商人，甚至會把會談時間壓縮到五分鐘或一分鐘。

也正因為如此，遲到或超出預約商談的時間都是不被允許的。在進入對方的辦公室後，僅需要簡單打聲招呼，立即切入重點才是基本的商談禮儀。

「哈囉，早安！今天天氣真好，已經完全是秋天了呢，真舒服。每到秋天，我都會想起我的老家。說到這裡，請問您是哪裡人呢……噢，原來是〇〇人啊，真是有緣！我哥哥的太太的弟弟剛好也住在那裡……」

即便您兄嫂的弟弟真的住在那裡，這樣的閒聊也是行不通的。套一句猶太商人的話來說，所謂的商談，就像「兩列特快列車交錯時的短暫相遇」。如果忘記這是分秒必爭的事，是無法與猶太商人做生意的。

26 「把昨天的工作留到今天」是商人之恥

猶太人每天上班的第一個小時，通常會用來處理從前一天下班到當天上班前收到的商業信件，這段時間被稱為「規定時間」（dictate）。

只要有人說「現在是規定時間」，猶太人就會默認為「所有人一律不得打擾」。等到這段時間結束後，他們通常會喝杯茶，接著才會開始處理當天的工作。在「規定時間」內，無論有什麼事，您都不可能成功與猶太商人會面。

猶太商人之所以如此重視「規定時間」，是因為他們奉行速戰速決策略，並且把「昨天的工作拖延到今天」視為是一種恥辱。

越是能幹的猶太商人，他們的辦公桌上就絕不會出現「待處理」的文件。人們常說，一個人的能力如何，從他的辦公桌就能看得出來。相對的，日本商人的辦公室裡，位階越高的主管，辦公桌上「待處理」的文件盒通常會堆積如山，「已處理」文件盒則空空如也，兩者形成了鮮明的對比。

Part Ⅱ

藤田田獨創的「猶太商法」

27 商人要取一個能賺錢的名字

我的名字是藤田田（Fujita Den）。「田」這個名字的讀音，對日本人來說似乎格外困難，他們看到我的名字時，總是皺眉思索。其實，直接念成「Den」就可以了，但日本人往往會把事情複雜化，將之念成「嗯（Un）」。因此，最近我在名片上刻意印了一行字——「請念作Den」。

然而，對外國人來說，「藤田田」這個名字卻意外地好讀。他們都能輕鬆地喊出：「Hello, Den！」至少比起那些叫「某某兵衛」或代代相傳的傳統商家名諱，像是「〇屋〇右衛門」等，我的名字顯然更好記也更容易發音。

雖然我是貨真價實的日本人，但我卻被世界各地的猶太商人稱呼為「銀座的猶太人」。甚至那些絕不信任日本商人的猶太人，也把我視為是他們的夥伴。

每當我與猶太人相談甚歡時，我總會感謝父母幫我取了一個讓外國人容易發音的名字。如果我的名字是「藤田傳兵衛」或「藤田傳一郎」，那麼我可能就會走上一條與今天完全不同的路了。

貿易商的名字必須讓外國人容易發音才行。不僅僅是貿易商，凡是要成為國際型的人才，我認為都應該要為自己取一個能讓外國人感到親近的名字。

我有兩個兒子，大兒子就讀成城大學一年級，小兒子則是成城高中一年級。我幫大兒子取名為「元」（Gen），小兒子則是「完」（Kan）。其中，「元」有「開始」之意，而「完」則代表「結束」，因此我只有兩個孩子。

重點是，「Gen」和「Kan」都是外國人容易發音的名字。而且，「Gen」是「General」（將軍）的縮寫。如果寫成「Gen Fujita」，那就是「藤田將軍」，外國人很容易就記住這個帥氣的名字。

至於「Kan」，這個發音在英文中有「Khan」（王）的意思。所以「Kan Fujita」就成了「藤田王」，同樣能讓老外一聽就記住。

如果我的兩個兒子將來也走上貿易商之路，我相信他們一定能憑著「Gen」和「Kan」這兩個名字，獲得許多優勢。

我並不是說在幫孩子取名字時，講究字形或字義不好，但如果您希望子孫能賺大錢的話，那麼取一個讓外國人好念又好記的名字，也就是能「賺錢」的名字，才是明智之舉。這樣一來，孩子將來一定會感激您的。

28 用錢對抗歧視——我與猶太商法的相遇

我之所以開始對猶太人產生興趣，源自於昭和二十四年（1949年）。當時，我在位於皇居前的第一生命大樓裡的駐日盟軍總司令部（General Headquarters, GHQ）打工，擔任口譯。

開始在GHQ工作後，我注意到一群奇怪的人。他們既不是軍官，卻可以找日本女人陪侍，開著車載著她們到處兜風，過著比軍官還要奢侈的生活。

「明明只是個小兵，為什麼他能過著這麼優雅的生活？」於是好奇的我，開始悄悄觀察這些人。

奇怪的是，這些士兵雖然也是白人，但在軍隊中卻經常遭受他人的鄙視和厭惡。

「Jew！」

其他士兵在背地裡稱呼他們時，總是咬牙切齒地吐出這個字眼。而「Jew」就是「猶太人」的意思。

有趣的是，大多數的GI（駐日美軍）雖然鄙視猶太人，但在猶太人面前卻總是抬不起頭來。原來，這些猶太士兵會借錢給那些愛玩的同袍，他們會收取高額利息，到了發薪日還會毫不留情地討債。也因此，許多GI在猶太人面前都顯得畏畏縮縮的。

即便受到鄙視，猶太士兵卻毫不在意。他們不僅擺出一副若無其事的樣子，還會大方把錢借給那些鄙視自己的人，用金錢實質「征服」了對方。看到受到歧視、仍堅強地活下去的猶太人，我不知不覺對他們產生一種親近感。我不僅沒有敬而遠之，反而主動去接近他們。

外交官夢想的破滅

我在大阪出生，但我並非出身於大阪的商人世家。我的父親是一名電氣工程師，所以我從來沒想過長大後會走上經商這條路。

從小，我的夢想是成為一名外交官。我家附近住著一位名叫栗原的外交官，我經常去他家玩。能成為像栗原先生那樣的外交官，一直是我的夢想。

有一次，我鼓起勇氣向栗原先生說起了這個夢想。不料，他卻冷淡地說：

「你絕對當不成外交官的。」

「為什麼？」

我有些不高興地追問。

「你那一口大阪腔是不行的。外交官有個不成文的規定，就是不能說大阪腔，一定得是東京腔才行。」栗原先生帶著憐憫的眼神說道。

我的外交官之夢，就在那一瞬間破滅了。

由於「大阪腔」這個改變不了的特徵，大阪人從出生起就和猶太人一樣，注定得受到歧視。但或許正因為如此，大阪人為了要抗拒這種歧視，培養出東京人身上沒有的堅韌毅力。

所謂的歧視，可以分為兩種：一種是因對方的拙劣而產生的優越感；另一種則是因對方的優秀而產生的恐懼感。

GI之所以會指著某人，語帶歧視地說：「他是Jew！」，正是因為他們害怕自己的財產可能會被猶太人捲走，這種恐懼引發了他們的歧視。同樣的，東京人之所以歧視大阪人，是因為東京人在做生意方面完全比不上大阪人。

從「大丸」百貨公司到「三和銀行」（現為三菱UFJ銀行）、「住友銀行」（現為三井住友銀行），再到電影產業，全都是從日本西部進軍東部的成功案例。相較之下，幾乎沒有從東京進軍西部的成功事業。

我認為，這與歷史的悠久程度有很大的關聯。歷史悠久意味著，與短暫的歷史相比，人類之間的相互迷戀、上當、吵架、結婚等事件，已經重複發生了無數次。在這種不斷的循環中，各種問題都能找到最佳的解決方式。也正因如此，新興國家再怎麼樣也無法比肩歷史悠久的國家。

美國人被擁有五千年歷史的猶太人玩弄於股掌之間，是理所當然的事。同樣的，可追溯至仁德天皇時代、已有兩千年歷史的大阪人，怎麼可能輸給只有四百年殖民地歷史[1]的東京人呢？

因此，東京人只能把他們的憤怒歸咎給大阪腔，甚至提出「不讓有大阪腔的人擔任外交官」等不合理的說法。明明說英語跟大阪腔無關，但無論怎麼解釋，東京人都無法理解。

總而言之，因為這個緣故，我只能放棄成為外交官的夢想。

見習猶太商法的階段

擔任GHQ口譯的那段期間，我仍是東京大學法學部的學生。當時，我的父親已經過世，母親留在大阪。我必須靠自己賺取學費和生活費。

由於日本戰敗的關係，以往基於哲學、道德和法律等建立的價值體系已全然混亂和崩壞，支持人們存活下去的精神支柱也蕩然無存。

當時，我唯一還能依靠的，就是大阪人特有的「我才不會輸」這種韌性。即使輸了戰爭，我也不想輸給混亂的社會、飢餓的肚子，甚至是占領軍。

「既然要打工，那我就潛入敵營吧！」

我抱著這樣的心態開始在GHQ做口譯工作。雖然我的英語說得不標準且漏洞百出，但畢竟曾經有志於成為外交官，我對操控英語仍有些許自信。

1 東京在明治時代以前稱為江戶，在平安時代首次出現其名，並開始有村莊出現。1488年始築起江戶城；1603年，德川家康在這裡創立了江戶幕府。

再者，與其他工作相比，口譯的薪水要高出許多。在當時，普通打工一個月的薪水是3、4000日圓，而口譯卻可以賺1萬日圓。不必多說，當然是錢多的工作更好。

身為戰敗國的國民，加上又是黃種人——在飽受歧視的情況下，我開始了這份口譯的工作。

我從出生開始，就因為我的大阪腔而備受歧視。而當我看到那些僅僅因為是「猶太人」，就遭受莫名歧視的人，他們卻能以「有錢才是贏家」的理念，默默用金錢征服GI同袍時，我深深地被這種堅韌的生命力吸引。

猶太商人的堅忍精神，彷彿暗示了因戰敗而失去所有精神支柱的我，今後應該努力存活下去的方向。

29 軍隊是賺錢的好地方

在GHQ工作時，第一位跟我關係變得很密切的猶太人，是名叫威爾金森（Wilkinson）的中士。他就是那位借錢給陷入破產的同事、收取高額利息，並毫不留情地在發薪日追討欠款的猶太人。每當有人還不出錢的時候，他會搜刮對方的配給物資作為擔保品或利息，隨即用高價轉賣這些東西。正因如此，威爾金森的口袋總是塞滿了厚厚一疊鈔票。

當時，美軍中士的月薪約為10萬日圓。但威爾金森卻買了兩輛價值約七十萬日圓的車子，甚至還在大田區的大森一帶包養女人，過著連高級軍官也負擔不起的生活。一到假日，威爾金森就會開著車，載著Only[2]悠閒地到箱根、伊豆或日

2 意指被固定美軍客戶包養的妓女。

光等地兜風。雖然他只是中士，但他的生活水平已遠遠超過了GHQ的高級軍官。我一直默默觀察威爾金森的做法，把猶太人如何利用金錢支配周遭之人的過程，深深地刻在腦中。

不知不覺間，我已經開始在一名猶太商人的底下實習了。

實習猶太商法的階段

如果單靠軍人的薪資，威爾金森中士絕對無法過如此奢華的生活。他之所以能吃香喝辣，是因為他除了正式的軍職之外，他還經營自己的貸款業務。也就是說，如果不經營副業，根本不可能有多餘的錢進入口袋。

於是，我開始跟GHQ中的猶太人合作，經營我的副業。雖然我對1萬日圓的薪水還算滿意，但賺錢是不會嫌多的。

由於我的長相比較像中國人，如果戴上墨鏡，穿上進駐軍的制服，看起來就是一個標準的華人二代。而我的大阪腔，只需要稍微修飾一下，就能營造出奇特的日語腔調，加上當時進駐軍的制服幾乎是萬能的，因此，每當我在做我的副業時，便會裝扮成華裔二代「Mr. 珍」。

GHQ內除了威爾金森中士，還有其他幾位猶太人，我逐一與他們建立了良好的關係，並以「Mr. 珍」——這個他們最信任的夥伴身分受到重用。

身為「Mr. 珍」，我一邊參與他們的賺錢門路，一邊開始接受「猶太商法」的實戰訓練。

30 時機決定勝負

昭和二十六年（1951年），我從東京大學畢業後，隨即成立了「藤田商店」。

我最先注意到的是，因為韓戰休兵而堆積在倉庫裡的沙包。我判斷，這些持有沙包庫存的公司，其倉儲費用會不斷增加，肯定希望有人能來接手，甚至可能願意免費贈予。

於是，我便前往這些公司，表達願意「免費」接手這些沙包的意願。至於該把這些沙包賣給誰，我心中已經有了底。

而持有沙包的公司面有難色地說：「一袋5圓或10圓都行，但免費就……」最後，我用5日圓的價格，買進十二萬袋的沙包，總計花費60萬圓。

談妥之後，我立刻前去拜訪某國的大使館。當時，該國的殖民地正陷入內亂，我看準它無論是對武器或沙包，應該都有迫切的需求才對。

正如我的預測，該國大使館對這十二萬袋沙包表現出極大的興趣。大使親自對我說，他想先看看樣品。

我立刻到倉庫挑選樣品送到大使館，且當場成交。當然，對方並不是以一袋5圓的低價收購，而是以一般的市價購買。

只不過，不到一個星期後，該國殖民地的內亂便平息了，這些沙包也沒來得及運出日本。

我就靠著這些微的時間差，完成這筆生意。如果時機稍有偏差，那些沙包就無法成為能賺錢的商品，只會再次變回普通的泥土袋。

對商人來說，時機就是生命。掌握時機就能賺大錢，而稍有失誤則可能蒙受巨大的損失。

31 就算損失慘重也要「遵守交期」

日本國內外的同業，都稱我為「銀座的猶太人」。我對這個稱號很滿意，甚至毫不避諱地以此自居。我秉承猶太商法，將之視為自己的商業準則。雖然從根本上來說，我不否認自己是日本人，也以此為傲，但以商人的角度來說，我認為自己完全是一名猶太商人。

如今，連其他國家的猶太人也稱呼我為「銀座的猶太人」，而且有別於他們對待其他非猶太教徒的態度，他們把我當成是夥伴看待。掌握全球貿易實權的人幾乎都是猶太人，而對我這樣的貿易商而言，「銀座的猶太人」這個稱號，為我的生意帶來很大的助益。

但即便如此，在我走到今天這一步之前，我也曾多次被猶太人訕笑、嘲諷，甚至是踐踏。然而，就像猶太人經歷過的事一樣，我撐過來了。在熬過某件最痛苦的事之後，我贏得猶太人的尊敬，自此就被稱作是「銀座的猶太人」。

接下來，我就要向各位分享這個讓我獲得世界各地猶太人信任的事件。

來自美國石油公司的大訂單

昭和43年（1968年），我收到一張來自美國石油公司（American Oil）的訂單，共計有三百萬支刀叉，交貨條件為9月1日在芝加哥交貨。我立刻委託岐阜縣關市的業者負責製造。

美國石油公司是標準石油（Standard Oil）的母公司。標準石油原本不隸屬於任何公司，但因為它壟斷了全美的石油市場，規模過於龐大，在美國政府的命令下被拆分為標準石油伊利諾、標準石油加州等六間公司。而這分割出來的六間公司又共同出資，成立了一間名為「美國石油」的控股公司，等同於它們的母公司。當然，這也是一間猶太資本的公司。

美國石油之所以會下這筆與本業無關的刀叉訂單，是因為當時美國國內正在進行一場流通革命。

過去在商品銷售方面，百貨公司是主導者。後來，超市和折扣商店開始挑戰此一地位，吸引了大批消費者。當信用卡出現之後，也加入了戰局。信用卡不僅想取代百貨公司，還試圖在價格上壓過超市，它採用「超市價格、分期付款」這個策略。

進軍信用卡業務的正是石油業的資本。美國石油公司擁有一千四百萬名信用卡使用者，其中七百萬人每個月都會使用信用卡來消費。該公司為了滿足這些持卡人的需求，就需要大量物美價廉的商品。

超市的特點是使用現金交易，而信用卡則可以分期付款。「由崇尚現金主義的猶太資本所掌控的石油公司，進軍非現金交易的分期付款業務」，這一點乍看之下似乎不太合理，但其實背後是有原因的——當信用卡用戶購買商品之後，石油公司會從銀行端收到現金，而分期付款的追繳則完全由銀行端負責。也就是說，這依然沒有偏離他們的現金主義原則。

我無法準時交貨！

回歸正題。由於日本的刀叉製造業者主要集中在關市，他們對自己的工作相當自負。他們曾對我說：「藤田先生，關市這裡才是日本的中心。關市以東稱為關東，關市以西稱為關西。如果您以為日本的中心是東京，那就大錯特錯了！」

聽到這番話，我原本以為他們對準時交貨一事應該成竹在胸。

根據我的計算，如果要在9月1日於芝加哥交貨，只需要在8月1日從橫濱港出貨即可。在我向製造商下訂單時，時間看起來仍相當充裕。

然而為了保險起見，我抽空去查驗了廠商的進度，結果被嚇得魂不附體，因為製造竟然毫無進展！

廠商甚至不以為然地說：「因為要忙著種田，沒辦法啊！」

我大聲抗議，他們卻說：「就算說好交貨日期，但會延遲一點也是常識啊……就算催促，也是沒有辦法的事。」像這樣完全無法溝通。

即使我向他們大聲疾呼：「這次的交易對象可是猶太人！」也只是得到輕描淡寫地回應：「先跟對方說會遲一點交貨，他們應該就不會那麼生氣了吧。」

波音707的包機費用：1000萬日圓！

如果要按照計畫8月1日從橫濱港出發，就必須在7月中旬前從關市出貨。然而，廠商告訴我，成品最早要到8月27日才能完成。若要讓8月27日的成品趕上9月1日的交期，就只能選擇空運了。

使用波音707包機從東京飛往芝加哥，費用高達3萬美元（約合1968年的1000萬日圓）。以三百萬支刀叉的貨款來算，根本無法獲利。

即便如此，我還是選擇了包機。因為既然與猶太人掌控的美國石油簽了契約，我就必須不惜一切趕上交期。猶太人對失信者永不寬容。雖然延遲出貨不是我的責任，但猶太人不會接受任何辯解。他們的原則是「不必解釋——解釋也沒用」。

我寧可損失1000萬日圓的包機費，也不能失去猶太人對我的信任。

於是，我包下一架泛美航空的波音707飛機。

泛美航空也相當精明——如果不在預定日的十天前以現金支付包機費用的話，他們就不會安排飛機。而且，由於羽田機場的航班相當繁忙，包機在機場只能停留五個小時。時間一到，無論你的貨物是否已裝載完畢，飛機都會直接起飛。因此，我必須在這段時間內，將三百萬支刀叉全數裝上飛機。

我的包機預計於8月31日下午五點抵達羽田機場，並於晚上十點起飛前往芝加哥。由於時差的關係，即使是在8月31日晚上十點出發，仍然能趕得上交期。

幸運的是，我們成功把要交貨的商品在時限內全數裝上了這架包機。

媽呀，又來了！

「我不惜包機也要趕上交期」這件事也傳到客戶那裡。如果對方是日本人，這將成為一樁美談，甚至有可能感動到提出幫忙分擔包機費用等。然而，我的客戶是猶太資本的公司，人情義理在他們眼中毫無用處。

客戶的回應是：「趕上了嗎？ＯＫ！我聽說包機的事了，Good！」僅此而已。

但即便如此，這次的事並非毫無價值。隔年（１９６９年），美國石油又下了一筆新訂單，這次是六百萬支刀叉。

這六百萬支刀叉是關市有史以來規模最大的訂單，整個關市都為此動了起來。

只不過，延遲出貨的危機又出現了。這次的交期同樣是9月1日，而海運的出貨期限最晚是7月中旬，負責製造的廠商依舊無法如期完成。

因此，我只好再一次用包機出貨。對此，美國石油的回應一如往常：「在交期內送達了嗎？ＯＫ！」

但這一次，我實在忍無可忍了。我召集了關市的製造業者，向他們提出分擔部分包機費用的要求。「好的！」業者們似乎也意識到自己應負的責任，並不反對這個提議。

接著，他們提出可以分擔20萬日圓。

「不是200萬？而是區區20萬？」我當時驚訝得說不出話來，只能瞠目結舌地愣在原地。

終於獲得猶太商人的認證

這兩次包機讓我損失慘重，但也因此讓我贏得了猶太商人的信任，這是花再多錢也買不到的東西。

「藤田田是個遵守約定的日本人」，這個訊息很快傳遍了世界各地的猶太商人圈子。「銀座的猶太人」這個稱號，或許還隱含了「銀座唯一守信的商人」之意。

我所信奉的猶太商法，正是從贏得猶太商人的信任開始的。

32 一封寄給美國總統的控訴信

在做國際貿易的商人之中，也有些一些路數跟猶太商人大相逕庭的惡質商人，其中最具代表性的，就是前文曾提及的「萬歲屋」。

我曾經上了「萬歲屋」的當，並與對方大打一仗，最終贏得勝利。這場戰役，可說是關係到我能否以「商人」的身份繼續存活下去，或就此倒下的殊死戰。為此我可說是賭上一切。正是因為我贏了，今天我才能以「銀座的猶太人」之名，獲得猶太商人的信任。

以下，就是我與惡質商人殊死搏鬥的完整經過。

掉進「萬歲屋」設下的陷阱

昭和36年（1961年）12月20日，跟我有長期交易往來的紐約Best of Tokyo公司，為了採購三千台電晶體收音機和五百台電唱機，指派其經理梅林．羅賓（Merlin Robin）來到日本。

羅賓開出了三個條件：一是電唱機必須印上「NOAM」的標誌；二是這批貨必須在隔年的2月5日前裝載上船；三是我的佣金為3％。

對此，我的興趣缺缺。首先，距離裝船期限的日子已所剩無幾，其次，佣金行情一般為5％，對方開出3％實在過於苛刻。但考量到Best of Tokyo是紐約數一數二的電晶體產品進口公司，未來可能會有許多合作機會，因此我認為這筆生意應該不會吃虧才對。抱著這樣的想法，我勉為其難地接受對方的條件，隨即向山田電氣產業公司（當時位於東京都港區新橋6-3）發出了製造訂單。

當時，每台電晶體電唱機的單價為35美元，但羅賓卻不斷遊說山田電氣的社長山田金五郎先生，最終把價格壓到了30美元。即便如此，山田電氣仍按照約定開始製造產品。

沒想到，我們在除夕那天收到來自Best of Tokyo公司的信用狀時，上頭標示的商品名稱為「YAECON標誌」，而非訂單中指定的「NOAM標誌」。「YAECON」是山田電氣的商標，但目前正在製造的產品，印的確是「NOAM標誌」。

由於產品與信用狀記載的內容不符，將會導致產品無法出口，為此我多次致電紐約，要求將信用狀上的「YAECON」修改為「NOAM」。但Best of Tokyo始終毫無回應。

這段期間，山田電氣不眠不休地趕工，就連新年假期也在工作，最終在1月24日提前完成產品，在通過出口檢查之後，就只剩下裝船作業了。然而，對方似乎就是在等這一刻——我們在1月29日收到來自紐約的取消訂單電報。

「糟了，他們是萬歲屋！」這時才驚覺已經於事無補。這批帶有「NOAM」

這個奇特標誌的產品，因其特殊性，也無法轉售給其他美國進口商。

我開始與Best of Tokyo公司交涉，要求他們接收這批貨，或者支付更換「NOAM」標誌的費用，但我的內心卻氣得發抖。被「萬歲屋」盯上，代表那些惡質猶太商人認為我們是容易欺負的對象。

「既然對方不把我們看在眼裡，那我就直接寫信，一狀告到甘迺迪總統那裡！」我下定決心，不能就這麼被輕視而默不作聲。

然而，美國總統一共有六位祕書。如果我的信在祕書那一關就被攔下，那麼寫這封信就毫無意義了。既然要寫信給甘迺迪總統，就必須讓他本人親自閱讀才行。

我絞盡腦汁，竭力使出至今學到的所有英語知識，一遍遍地寫了又撕，撕了又重寫，耗時三天，終於完成一封我有自信讓總統過目的信。

寫給甘迺迪總統的控訴狀

2月20日，我把這封信繕打後投遞了出去。信件全文如下：

美國總統

約翰．F．甘迺迪閣下：

您是全球自由與民主貿易的守護者，同時也是美國國民的代表。能夠向您呈上此信，我深感榮幸。

您是當今世界的政治家領袖，即便某些事情在貴國國民眼裡看來稀鬆平常，但對其他國家的人民而言，卻可能是一種違背道德的野蠻行為，甚至會造成極大的困擾與損失。若有其他國家的國民為此陷入困境，我懇請您作為崇高民主主義的體現者，協助以下事項。

我們現在面臨的處境，比起二十年前，您在索羅門群島海域奮戰時所面臨的情況，還要更加艱難，且迫切需要救援。[3]而我們之所以陷入這般境地，正是因為美國國民的行為，即便我們對此並無責任，卻仍深陷其中。

「關於因美國國民無故取消訂單，導致敝公司損失的賠償事宜」

這件事十分簡單，毫無複雜之處。敝公司接到來自紐約Best of Tokyo公司訂購的三千台電晶體收音機和五百台電唱機，合計26600美元的訂單，且已收到了信用狀。然而，該公司在沒有任何正當理由的情況下取消這筆訂單，導致本公司蒙受巨大損失。

若此情況換作是美國國民被日本人如此對待，後果會如何呢？日本人必定會

3　1943年8月2日，時任美國海軍魚雷艇艇長的甘迺迪，在執行夜間攻擊任務時，搭乘的船隻被日軍驅逐艦撞成兩截，甘迺迪帶領同袍在敵方控制的水域游泳逃生，歷經7天終於獲救。

受到嚴厲的制裁。

對此，敝公司要求Best of Tokyo公司支付２０４４．５０美元作為指定商標的更換費用，但未獲得任何有誠意的回覆。像本案這樣在法律上毫無疑義的單方面契約不履行行為，在文明社會卻仍需透過法律訴訟解決。而高昂的訴訟費用，令敝公司無力訴諸於法律。

總統閣下，若您意識到，不幸的國際戰爭可能因為瑣碎之事的積累，最終化為國民之間仇恨的惡魔般力量，懇請您勸告Best of Tokyo公司盡速解決上述問題。

總統閣下，我深知您日常極其繁忙，但仍懇請您撥冗一分鐘，撥打LW4～9166的電話，勸告Best of Tokyo公司的社長阿卡曼先生，日本人並非牛馬之類的動物，而是血肉之軀、活生生的人類，懇請他以誠意解決此事。

總統閣下，若您掌握著一個不需耗費大量時間與金錢即可伸張正義的機構，懇請您盡快回覆我。

總統閣下，過去我有四千五百名年輕的日本朋友，因背負炸彈衝撞貴國的軍艦而犧牲。他們作為那場如噩夢般的神風特攻隊成員，我不希望他們的犧牲成為徒勞。無論多麼微不足道之事，只要有可能成為國際仇恨的導火線，我們都希望以良知來解決。

總統閣下，您身為二戰的英雄，我懇請您促成解決本案。

藤田　田

我一共寄了兩封信，一封寄給甘迺迪總統，另一封則作為備份，寄給東京的美國大使館。我確信這封信一定會被祕書轉交給總統，但我也做好了可能無法收到回覆的心理準備。

另一方面，在2月2日的時候，山田電氣寄來了一封產品內容的證明信，要求我來領取產品。我也是生意人，我當然了解可以轉賣這批貨，只是這麼一來，事情就會更加含糊不清，而我也不打算就此放棄，讓猶太商人看扁我。更何況，要為這件事負責的是單方面取消訂單的Best of Tokyo公司，我沒有義務要幫該公司收拾殘局。

3月中旬，山田電氣因負債9400萬日圓而破產。因為「萬歲屋」的使倆，讓山田電氣陷入無力回天的處境。

惡質商人終於被我擊敗了！

緊接著，在我把控訴信寄給甘迺迪總統的一個月後，也就是3月20日時，我接到美國大使館的通知，要我過去一趟。

我立即驅車趕到大使館。接待我的官員出示了一封來自甘迺迪總統的公文，公文上印有美國國徽的老鷹標誌，並蓋上了紅色的蠟封。

「事實上，甘迺迪總統透過商務部長指示，要求賴世和（Edwin O. Reischauer）大使處理您控訴的案件。」那位官員說道。

「我贏了！萬歲！」我不禁在心中吶喊了一聲。事情走到這一步，已經迎來了轉機。

接待我的官員露出一副相當抱歉的表情說道：

「這起事件完全是美國商人的錯。儘管政府無法直接干涉，但我們會告誡涉案業者。如果他們拒不配合，我們將對其施行限制出境的懲罰。日本商人在類似事件中通常會選擇忍氣吞聲，但我們希望以後能盡量提出申訴。」

對於貿易商而言，被限制出境無異於是被宣判死刑。就算是「萬歲屋」，在面對政府的警告時也不得不服從。

「但是……」負責官員補充說：「雖然我們希望日本商人能盡量申訴，但希望下次不要再直接投訴到總統那裡了。」

「啊，是嗎？感謝您的指導。今後我會記得的。」

當然，這只是我的客套話。我心想，如果又有「萬歲屋」或其他惡質商人看輕我，無論幾次我都會直接向總統告狀的。

「不惜包機也要準時交貨的藤田。直接向總統告狀的日本第一猶太人藤田……」經過這兩個事件之後，猶太商人對我刮目相看，我也贏得了他們真正的信任。

33 做生意要能預判下一步

當我準備從猶太商人喬治・杜拉克（George Drucker）手中買下蠟像館的經營權，準備在東京鐵塔內開設蠟像館時，我周遭的所有人都表示反對。

「日本人怎麼可能會來看那些不會動的蠟像呢？根本沒必要花這麼高的授權費來經營蠟像館！」

大家都擔心這門生意會以失敗收場。

有人問我：「前三個月肯定會虧本，您做好心理準備了嗎？」

我回答說：「我想透過蠟像館，打破日本演藝產業那種根深蒂固的陳舊觀念。過去在日本，演員總是在舞臺上演出，而觀眾則是被綁在椅子上，安靜地看著。從現在開始，應該讓觀眾動起來，而舞台則保持靜止。觀眾可以自由地在靜止不動的蠟像周圍走動，欣賞歷史人物生前的模樣。觀眾能帶著感動的心情靠近那些英雄人物，並按照自己的喜好與他們面對面『相見』。這種全新的嘗試一定能成功。我根本不需要為賠錢做心理準備，從一開始，我就要讓這個計畫賺錢！」

我非常堅定，也非常有把握這門生意能賺到錢。

讓顧客自由走動的商法

舞台是「靜」，觀眾是「動」，這種形式並不僅限於公開演出。以銷售為例，過去的做法是：商店將商品陳列好，配備推銷員來向顧客推銷商品，讓顧客站在商品前面接受推銷。然而，這種方式的結果是，商家不得不面對高漲的人事成本，最終不得不承認，改造成讓顧客可以自由移動、選擇商品的超市模式，不僅可以提高客流量、降低人事成本，還能增加利潤。

讓顧客自由移動——這才是符合現代生活節奏的商法重點。我只是成功預測到了這一步而已。

事實證明，我的判斷是正確的。直到現在，我的蠟像館仍然深受好評。觀眾就像在超市裡購物一樣，在蠟像周圍自由走動，興高采烈地欣賞展品。

34

最好的商品絕不打折

猶太商人在以高價販售某項商品時，會透過統計數據、小冊子等各種資料，說明高價販售的合理性。我的辦公室幾乎每天都會收到大量這類來自猶太商人的資料，堆得像山一樣高。

猶太商人會先寄出這些資料，然後告訴我：「您就用我寄給你的資料，教育消費者吧！」但他們絕對不會說：「算您便宜一點吧！」

相反的，他們會說：「我們對自己的商品非常有信心，所以不會給折扣。」還會補充說：「日本人就是對自己的商品沒信心，才會選擇打折。」

猶太商人「寧可不賣你也不願降價」的態度，正是建立在他們對自家商品的極大信心上。因為商品的品質優秀，所以不需要打折；因為不打折，所以利潤高——這正是猶太商法的賺錢祕訣。

35 「薄利多銷」是笨蛋才在做的事：猶太商法與大阪商法

日本最具代表性的商業模式，就是我的故鄉大阪所流傳的大阪商法。然而，即便是以「唯利是圖」而聞名的大阪商法，若與猶太商法相比，就顯得極其幼稚，甚至連「商法」之名都配不上。

大阪商法的精髓是「薄利多銷」。大阪商人正是靠著「薄利多銷」來謀利。然而，猶太商人完全無法理解「薄利多銷」的概念。

「如果賣得很多，為什麼還會是『薄利』呢，Den？如果賣得很多，應該要賺得很多才對吧！」他們總是這樣對我說：「賣得多卻『薄利』，你說的大阪商人，是不是傻瓜啊？嗯，肯定是傻瓜沒錯。」

我用雙手衡量了一下猶太人和大阪人的歷史：大阪自仁德天皇以來，已有兩千年的歷史，而猶太人的歷史則長達五千年。

遺憾的是，猶太人的歷史比大阪人的歷史多出整整一倍以上。當猶太人已經刻劃了超過三千年的歷史時，日本甚至連文字都還沒有出現。

因此，猶太商人嘲笑大阪商人的「薄利多銷」是愚蠢之人或異於常人者才會採用的經營方式，也就無可厚非了。

削價競爭是一場死亡之爭

同業之間彼此削價競爭，最後兩敗俱傷的下場屢見不鮮。我能理解這種「想賣得比其他人便宜一點、多賣一點」的心情，但在考慮降價之前，為什麼不先考慮怎麼獲得更多的利潤呢？

製造商或貿易商若是利潤過低，便如同隨時暴露在可能倒閉的風險之中。而所謂的薄利競爭，更是愚蠢至極，猶如一場「死亡競賽」，雙方都將繩索套在彼此的脖子上，一聲令下後便開始拉扯，結果絕對是兩敗俱傷、一起窒息而死。

或許這種被稱為「薄利競爭」的死亡競賽，是德川時代壓制商人、以權力強迫其削價銷售的政策所殘留下來的商法吧。

36 暢銷商品都是從有錢人開始流行的

我可以斷言，如果當初我沒有涉足飾品的進出口生意，日本飾品配件的流行肯定會落後現在整整二十年。

在進口飾品時，我絕對不會選擇那些專為金髮碧眼、白皙肌膚的歐美人所設計的商品。並不是打著「進口高級手提包」的名號，就一定能大賣。許多同業都學我進口飾品，最終卻以失敗收場。為什麼他們的商品賣不動，而我進口的飾品卻能大受歡迎呢？箇中的祕訣就在於，我只選擇適合黃皮膚與黑頭髮穿戴的商品，而這也是猶太商人給我的專業建議。

我對自己的判斷非常有信心，因此我堅信，如果少了我，日本的飾品流行至少會落後二十年。

能吸引有錢人上鉤的誘餌

要讓某種商品引發流行，需要一些訣竅，而流行可以分為兩種：一種是在有錢人之間流行起來的；另一種則是在普羅大眾之間流行起來的。

相較之下，從有錢人之間興起的流行顯然會更為長久。像是呼拉圈、擁抱小子[4]或拉托球（Lato-Lato）這類出自大眾之間的爆炸性流行商品，通常只是曇花一現，很快就會退燒。

4 1960年代風靡日本的充氣塑膠小玩偶。

而從有錢人之間開始流行起來的商品，傳遞到一般大眾之間大約需要兩年的時間。也就是說，若能讓某種飾品在有錢人的圈子內燒起來，接下來的兩年，您都能靠這款商品獲利。

至於要在有錢人之間帶動流行的最佳商品，非高級舶來品莫屬。我從擔任口譯的經驗中深刻了解到日本人對舶來品的崇拜心理。愈是富有的人，對舶來品的情節就愈深。

即使明明知道國產品的品質更好，日本人仍願意多花一倍以上的錢去購買舶來品。這也代表「即使我們訂出高價，消費者仍然心甘情地願掏錢購買」。您很難找到比這更賺錢的生意了。

鎖定消費者的「崇拜」心理

人們總是會嚮往比自己高一階的生活，對一般大眾而言，有錢人或上流階級便是他們的崇拜對象。

俗話說「釣個金龜婿」，人類很少會崇拜比自己地位低、比自己財產少的人。雖然金錢並非一切，但我們無法否認上流階級對「流行品」的影響力。這種對上流階級的崇拜心理在女性中尤其明顯，而男性之中，對高雅、奢華，甚至貴族感的喜愛也所在多有。

因此，我會利用這種崇拜心理，先在富人圈內帶動某種高級進口飾品的流行。假設崇尚富人生活的中產階級人數是富人的兩倍，那麼當這群人開始購買這些流行品時，商品的銷量就能達到原來的兩倍。隨著潮流進一步擴散到下一個階層，銷量則會擴增至四倍。高級品就以這樣的方式，逐漸流入大眾市場，整個過程大約需要兩年的時間。

而當商品開始普及，價格隨之下降時，我的公司就會退場、不再經營該類商品。過去二十年來，我的公司所經手的舶來品從來沒有滯銷過，更別說舉辦清倉特賣會了。

只要我經營的商品能在有錢人之間造成流行，滯銷或特賣會就與我無關。我不做「薄利多銷」這種勞心勞力但利潤微薄的生意。我只做有錢人的生意，換句話說，「厚利多銷」這種商業模式完全行得通。

37 厚利多銷——「稀有價值」能讓商品熱賣

只要能抓住「稀有價值」，實現厚利多銷並非難事。

從前有一位堺市的商人，從菲律賓帶回一個稀奇的陶壺，他向豐臣秀吉介紹說：

「這可是一件英國的寶物啊！」

秀吉非常珍惜這個陶壺，把它賜給了在戰爭中立下大功的大名。而那位大名也把這個陶壺當成了傳家寶，一代一代的傳承下去。然而，當德川一族結束日本三百年來的鎖國政策之後，陶壺的持有者才發現，那個玩意兒其實根本就是西洋的便器。

這件便器之所以能化身為「英國的寶物」，是因為當時的日本並沒有第二件一模一樣的東西。秀吉與大名才如此看重其稀有價值——「擁有他人所沒有的東西」最能滿足人類的自尊心。

這就是貿易商有利可圖的地方。

有些商品在國外用1000日圓就可以買到，但將之帶回日本的話，就算標價100萬日圓也賣得出去。

越是具備稀有價值的商品，利潤幅度就越大。用低價進口這些商品再以高價售出，這就是成功進口商的操作方式。相反的，把稀有商品以高價出口到國外，則是優秀貿易商的手腕。

38 透過「文明的差距」來為商品定價

舶來品之所以能以高價賣出且暢銷，其實還有其他原因。

例如，奧地利約有三百間飾品製造商，但沒有任何一間製造商會去模仿其他公司的產品。這些製造商數百年來堅持打造自己獨特的商品，並為自家商品感到無比自豪。他們絕不會像日本一樣，急於模仿他人的商品設計。正因如此，每一件商品都被賦予了悠久歷史的厚重感。

數百年乃至數千年的歷史累積與人類智慧的結晶，造就了這些精美的商品，這也是這些商品即使定價高昂仍然能被消費者接受的原因之一。

可以說，進口商是透過古老文明與新興文明之間的差距來定價，並將文明差異所孕育出的能量轉化為利潤。而文明的差距愈大，能帶來的商業價值也就愈高。

專欄❶——猶太人的姓名

「山石」先生、「金山」先生、「獅子岩」先生……

日本人的姓名通常有其具體意義。例如「藤田」代表「紫藤花田」、「遠藤」代表「遠處的紫藤花」，而「豐田」則是「豐沃的田地」。另一方面，猶太人的姓名也跟日本人一樣富有其特殊意義，這一點跟姓名不帶明確含義的其他白人相比，有著明顯的差異。

舉例來說，「愛因斯坦」（Einstein）的意思是「一顆石頭」。其中，「Ein」表示「一個」，而「Stein」則為「石頭」或「岩石」之意。

「伯格斯坦」（Bergstein）可以翻譯為「山石」；「戈爾德施塔特」

（Goldstadt）則對應「金町」；至於「戈德堡」（Goldberg），意譯為「金山」，在日本則可以對應「佐渡」這個姓氏。

「勞恩斯坦」（Lauenstein）的意思則是「獅子岩」，其中的「Lauen」，是「獅子」之意。

此外，我們還可以透過姓氏來分辨猶太人來自哪裡。帶有「——Stein」或「——Berg」結尾的姓氏，通常是德裔猶太人。而像「麥特浩伯」（Matthauber）或「保羅」（Paul）這類名字，則屬於敘利亞猶太人。在敘利亞語中，「Paul」的意思是「高」；「柯頓」（Cotton）則是「木棉」的意思。

其中也有不少猶太人的名字是出自《舊約聖經》中的十大賢者，例如「Gown」這個姓氏，是「聖衣」的意思。擁有這個姓氏的人，通常以自己家族的悠久歷史為傲。

專欄❷——猶太人的數字

連大學教授都不知道的事

應該很少有數學家能夠解釋：為什麼阿拉伯數字中的「1」叫做「一」，而「2」叫做「二」？

然而，猶太人卻能回答這個問題。

他們的回答是：「1代表一個角度，2是兩個角度，而3則有三個角度。」

（請參照下頁的圖示）

我學到這個理論後，也把這個猶太人對阿拉伯數字的解釋，分享給劍橋和哈佛大學的教授。

【阿拉伯數字與角度】

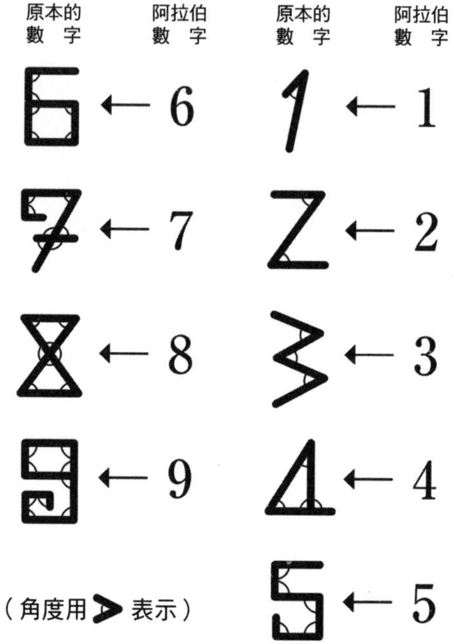

這兩位教授都反問我：「您能用科學證明這個理論的正確性嗎？」

我代替猶太人驕傲地回答說：「這是猶太的公理，公理不需要證明，因為猶太五千年的歷史早已不證自明。」

Part III

實踐猶太商法的精髓

39 切勿「為了工作而吃飯」，應該要「為了吃飯而工作」

「您認為人生的目的是什麼呢？」

當我向猶太人請教這個問題時，總是能得到一個明確的答覆。

如果各位認為猶太人會回答「賺錢」，那就大錯特錯了。猶太人一定會這麼回答：「人生的目的，就是要盡情享受美食。」

「那麼，人為什麼要工作呢？」

猶太人會回答：「人之所以工作，是為了要吃飯。並不是為了要補充工作所需的能量而吃飯喔。」

如果問日本的上班族同樣的問題，大概會得到完全相反的答案。毫無疑問，日本人是一個「為了工作而吃飯」的民族。

既然認為工作是為了吃飯，猶太人最大的樂趣，就是穿著燕尾服，在高級餐廳內享用一頓奢華的大餐。

而招待他人享用豪華餐點，也是猶太人向其表達最高程度好感的方式。這樣的招待可能是在自己家中，也可能是在餐廳，但不論地點在哪裡，當猶太人說要請您吃晚餐的時候，都代表他們最大的款待。

吃一頓豪華的晚餐，不僅是猶太人的樂趣，還是他們掌控金錢力量的象徵。長達兩千年來，他們不斷受到迫害、歧視與壓迫。然而，猶太人始終心懷身為上帝選民的驕傲，並發誓總有一天要讓異教徒屈膝俯首。而猶太人擁有的武器，正是被基督教徒視為是低賤行業的金融業與商業。

如今，猶太人憑藉金錢的力量，成功支配了異教徒。對猶太人而言，一頓豪華晚餐正是展示自己財力的最佳機會。

猶太式「享受人生的方式」

猶太人總會花超過兩個小時的時間，慢慢地享用晚餐。因為「吃飯」本身就是他們人生的目的，他們絕不會匆忙地用幾分鐘隨便打發。對猶太人來說，在融洽的氛圍中享用一頓奢華晚餐是最幸福的事。為了品嘗這種幸福，他們會不惜用各種手段來賺取金錢。

日本有一句諺語說：「早睡早起早吃早便得三文錢。」

但為了得到區區三文錢，就得早吃早便，這未免太寒酸了吧……

這句話不僅活生生描繪出日本人的貧窮，更是我最厭惡的一句話。

40

吃飯時不要談論公事

如前文所述，猶太人都是雜學大師。他們會一邊好整以暇地享用餐點，一邊以其豐富的雜學知識來談論各式各樣的話題。包括家庭、休閒、花卉……各種話題一個接著一個被端上餐桌。

雖然話題廣泛，但猶太人也有「不能說」的禁忌——他們幾乎不聊風花雪月的事，也不會在餐桌上談論戰爭、宗教和工作的話題。

對於被迫流落於世界各地的猶太人而言，談論戰爭只會破壞用餐的氣氛，而宗教話題也只會加深與異教徒的對立。

太平洋戰爭有三百萬名日本人與五十萬名美軍喪命，但二十五年過去了，現在已很少有人會提起這件事。然而，基督教徒至今卻依然對兩千年前一名被殺害的猶太人議論不休，這究竟是為什麼呢？只要提起跟宗教有關的話題，猶太人往往會想抒發他們長期以來所受到的不合理對待。

至於工作話題，則容易引發利益衝突，導致雙方的不愉快。因此，猶太人絕不會主動開啟這些會破壞用餐氣氛的話題。他們也無法理解，日本人為什麼要在有藝妓陪伴的酒席上，一邊吃喝，一邊還要談論公事。

我認為，如果日本真的有「基本人權」這回事的話，就不應該在吃飯時談論公事。我甚至覺得，日本人之所以在吃飯時仍熱衷於討論公事，是因為日本人根本沒有基本人權。

「吃得快、拉得快」只值三文錢

為了要配合談生意的時間，我偶爾會延遲吃飯。若在我用餐時剛好有猶太人來訪，他們往往會露出一副愧疚的表情說：「請慢慢享受您的餐點，我稍後再過來。」

每當我匆忙地想把食物塞進嘴裡時，猶太人總會嚴肅地提醒我說：「藤田先生，您這樣是不對的！您完全搞錯了享受人生的方式。」

而當我在公司附近的銀座或新橋，看到那些正狼吞虎嚥吃著午餐的上班族，我都會忍不住以猶太人的視角盯著他們，一邊思考：他們究竟是為了什麼而工作，又是為了什麼而吃飯呢？

或許對吃得快、拉得也快的貧窮日本人而言，「好好享受一頓豐盛晚餐」這個要求太過於勉強，但至少在用餐時，心靈上應該要有所餘裕，不要去談論公事。

正如日本諺語所言：「急性子的乞丐，收穫比較少。」請各位不要忘了，快速吃飯、快速拉屎，只能為您換來區區三文錢而已。

41 身上沒錢的人就是「一文不值」的人

猶太人有自己獨特的一套人生觀，而他們價值觀的基準，就是金錢。

在猶太人的眼中，「高貴之人」指的是每天能享用奢華晚餐之人，這樣的人會備受尊敬。

對猶太人而言，那些甘於清貧的學者並非高貴之人，也不值得尊敬。無論一個人的學問有多淵博、知識有多廣泛，只要家徒四壁，就會受到輕視，並被視為是下等人。

猶太人獨特的價值觀認為，這個世界上只有家財萬貫、能盡情揮灑金錢的人，才稱得上是高貴之人。正是這種價值觀，激發了猶太人對金錢的極度執著。

「我要抱著現金而死！」

以下，是一個展現猶太人對金錢執著程度的寓言故事：

有一位知名的猶太富翁在臨終之際，召集了所有親人說道：

「你們把我所有的財產都換成現金，然後準備一條最昂貴的毛毯和一張最奢華的床。剩餘的現金就堆在我的枕頭旁，等我死後將它們全部放進我的棺材內，我要把這些錢帶到來世。」

親人按照他的指示，準備了毛毯、床和現金。富翁躺在奢華的床上，用柔軟的毛毯裹住身體，滿意地看著枕頭旁堆滿的現金，嚥下了最後一口氣。

如富翁的遺言所示，那筆巨額現金與他的遺體一同被放進了棺材內。

就在這個時候，富翁的友人趕到現場。當友人聽說這些現金已經根據遺言放進了棺材後，他從口袋裡拿出了支票本，迅速簽了一張等值的支票，將之放進棺材內，然後取出了所有現金。他拍了拍富翁遺體的肩膀，說道：

「這是與現金等值的支票，您應該很開心吧。」

這個寓言展現了猶太人對金錢的執著程度。富翁想把現金帶到來世，另一方的友人則不惜用支票交換現金，也要把現金弄到手。這兩個人半斤八兩、不分上下，將猶太人對金錢的執念展現得淋漓盡致。

42 「父親」是一個人的起點——猶太人的家庭教育

昭和四十二年（1967年），我曾去拜訪大衛・夏皮羅（David Shapiro）

先生。他是一位猶太人，同時也是一家高級鞋履製造商的社長。

夏皮羅先生的宅邸廣闊，足足有三萬平方公尺。庭院裡鋪滿草坪，還有一座游泳池。緊鄰宅邸的是三棟奶油色的製鞋工廠。

那一天，我受邀到他家共進晚餐。夏皮羅先生即將迎來五十歲生日，身材卻依然精悍，展現出一種勞動者的剛強氣質。他伸出一雙粗糙的手迎接我，那雙手顯然是出自一名製鞋工匠。隨後他帶我參觀他的工廠。

當我們走到第二棟的產品檢驗工廠時，夏皮羅先生拍了拍一位正在檢查半成品鞋底的青年肩膀，喊道：「嘿，Joe！」

那位青年回過頭來，笑著說：「哦，Dave！」

我非常驚訝，這位青年竟然用「Dave」的暱稱直呼夏皮羅先生。夏皮羅先生微笑地向我介紹說：「這是我的長子，約瑟夫。」

當我與約瑟夫握手時，心中充滿疑惑。兒子直呼父親的名字，而父親卻毫不在意，我無法理解夏皮羅先生是怎麼想的。

只不過，不到一個小時，我的疑問就解開了。夏皮羅先生以他剛滿三歲的次子湯米為例，親自向我展示了猶太人的教養方式。

當時，湯米正與他將滿十一歲的姐姐凱西在一間設有大型壁爐的接待室裡追逐嬉戲。夏皮羅先生一把抱起湯米，讓他站到了壁爐上，然後張開雙手說：「湯米，來吧，跳到爸爸這裡來。」

湯米看到爸爸要跟自己玩，興奮地笑著，毫不猶豫地跳向夏皮羅先生的懷抱。然而，就在湯米跳下來的瞬間，夏皮羅先生突然收回了雙手。湯米整個人摔在地上，痛得哇哇大哭了起來。

我震驚地看著夏皮羅先生，而他只是微笑地注視著湯米。湯米一邊哭著，一邊跑向坐在另一側沙發的母親派翠西亞，而派翠西亞也只是笑著說：「噢，爸爸真壞啊！」調侃似地看著小湯米。

夏皮羅先生坐到目瞪口呆的我身邊，一臉正經地說道：「這就是猶太人的教育方式。湯米還沒有能力自己跳下來，但他因為相信我的話就真的跳了。為了讓他知道，即使是父親的話也不能完全相信，我才會刻意收回雙手。重複幾次之後，他就會明白『除了自己，誰也不能盲目相信』這個道理。」

此時，我終於明白為什麼他的長子約瑟夫可以直呼父親的名字了。

在夏皮羅家族中，當一個孩子被認定「可以獨當一面」的時候，他就會被賦予與父親同等的地位與權利。

約瑟夫雖然有一個有錢的父親，但他依舊在工廠工作，正是因為他已受到這樣的認可。

43 金錢教育必須從小教起

在那之後，夏皮羅先生還跟我分享他如何分配孩子的零用錢。

「幫忙除庭院的草可以得到10美元，幫忙拿早上的牛奶可以得到1美元，幫忙買報紙可以得到2美元。像這樣根據工作量的多寡來分配金額，不管是哪個孩子來做，金額都一樣，這叫同工同酬。」

也就是說，夏皮羅家的零用錢並不是按月或按週發放，也不是年齡大的孩子就拿得多，完全是按照孩子的能力，也就是抽成制。

如果是日本家庭，通常會論資排輩給予每位孩子不同金額的零用錢，例如：長子每個月3000圓、次子2000圓、三子1000圓……。

西歐國家的勞工和商業人士，皆貫徹以工作能力或效率為基準的薪酬制度，只要工作內容相同，無論是二十歲或四十歲的人，理應都要能領到相同的薪水。而日本人之所以對「年功序列制」[1]如此執著，或許是從小所受的金錢與工作教育不同所致。

後來，我走訪了世界各地的猶太家庭，發現猶太人的商業教育幾乎都是從他們幼兒時期就開始了。

在日本，有許多熱衷教育的媽媽以「幼兒音感教育」為名，強迫連樂譜都還看不太懂的孩子學習鋼琴。我認為，與其實施這種沒有經濟價值的教育，倒不如教導孩子正確的金錢觀，因為金錢教育更能確保他們未來能過上輕鬆自在的日子。不知道各位又是怎麼看的呢？

44 猶太商人連妻子都不相信

猶太人在做生意時，秉持「血濃於水」的觀念，通常只願意信任自己的同胞。他們認為，「就算只是口頭承諾，沒有簽契約，猶太人也會信守承諾。相對的，異教徒連契約都可以馬虎看待，完全不能信任。」

若有猶太人毀約，那個人就會被趕出猶太社會。對猶太商人而言，這等同於

1 「年功序列」是日本特有的企業文化，意指以年資和職位論資排輩，訂定標準化的薪水，通常還搭配終身雇用的觀念，鼓勵員工在同一公司累積年資到退休。

被判了死刑，因為他再也不能跟別人做生意了。這就是為什麼猶太商人在跟非猶太血統的人做生意時，總是會設下嚴格條件的原因。

然而，即便猶太商人信任生意上往來的猶太夥伴，但只要碰到跟錢有關的事，就算對方是猶太人，甚至是自己的妻子，他們也不會掉以輕心。

我有一位住在芝加哥的猶太籍律師朋友N，他曾一臉嚴肅的對我說：「如果我結婚了，我太太一定會覬覦我的財產，說不定還會謀財害命。因此，我絕不會為了婚姻而犧牲自己的性命及財產！」

羅斯柴爾德家族的「致富家訓」

N先生的月收入約為50萬美元，約合1億7000萬日圓。他工作一個月就會休息兩個月，過著相當愜意的生活。他擁有六艘價值6萬美元的遊艇，經常帶著好幾位美女，徜徉於世界各地的海洋。

對N先生來說，調侃勤奮的日本人似乎是一種樂趣。有時，他會像突然想起我似的，也不管現在是白天或晚上，從他在加勒比海的度假處打電話給我，電話裡還伴隨著年輕女人嬌嗔的笑聲：

「哈囉，藤田先生，你還在滿頭大汗的工作嗎？我現在人在加勒比海，躺在美女的大腿上，舒服的吹著海風，真是太棒了，哇哈哈哈……」

雖然N先生在玩樂時揮金如土，但一旦他進入工作模式，就會像變了一個人一樣，連一塊錢也不願意浪費。N先生來日本談生意時，我經常為他在商談過程中的過度小氣捏了一把冷汗。像這樣錙銖必較賺來的錢，他在花錢時卻絲毫不會手軟，如同在揮霍別人的錢一樣。

看著這樣的N先生，我彷彿看到那些猶太商人正毫不避諱地宣稱：「人是為了享樂而工作的，追求快樂才是終極的人生意義！」

此外，看到N先生被美女包圍，卻堅持不婚、不信任妻子的態度，也讓人感受到猶太人那種連另一半都不相信的金錢至上主義。

N先生是全球知名的猶太富豪——羅斯柴爾德家族的親戚。或許正因如此，他忠實恪遵羅斯柴爾德家族的家訓：即使是妻子或女婿，也不能對「他人」掉以輕心。他至今依然維持單身。

45 「女人」也是一種商品

N先生的芝加哥住處緊鄰「花花公子公館」，《花花公子》（*Playboy*）雜誌的創辦人休·海夫納（Hugh Hefner）就住在那裡。身為美國最受歡迎寫真雜誌的社長兼總編輯，海夫納先生也是一名猶太人。

海夫納原本是新聞記者，當時他認為自己的薪水實在是低得不合理，於是向總編輯提出「希望週薪增加10美元」的要求。

「什麼？像你這樣的傢伙，我憑什麼要付你那麼多錢？」總編輯冷酷地拒絕他。

於是，海夫納當場就提出辭呈，辭去報社的工作。他身上僅剩的，是記者時代學到的採訪與編輯專業知識。海夫納四處籌集資金，推出了一本內含寫真女郎彩色裸照的《花花公子》雜誌，沒想到大受年輕男性的歡迎，《花花公子》一炮而紅，這也讓他搖身一變成為超人氣的總編輯與大老闆。

《花花公子》成功之後，海夫納在芝加哥創辦了「花花公子俱樂部」，透過穿著兔耳朵和兔尾巴的兔女郎來吸引顧客上門，結果同樣大受歡迎，並陸續在全球各地開設了多家分店。

據說，住在「花花公子公館」中的海夫納，身邊有二十位美女相伴，過著極為奢華的生活。而他至今仍未婚。

與其為了結婚而賭上自己的性命與財產，海夫納似乎更喜歡隨心所欲地更換伴侶。對海夫納來說，他成功的關鍵就是將「女人」商品化，並從中獲利。而這或許也是因為他保持單身，才得以做到。

46 嚴禁「自以為是的相信他人」

由於我和世界各地的猶太商人都有生意往來，透過他們的介紹，我也結識了許多從其他國家來到日本的猶太人。這些猶太人雖然不一定都是商人，但他們全都精通猶太商法的基本知識——每當我與這些非商業背景的猶太人往來時，我都深刻體會到這一點。

有一次，透過某個與我很要好的猶太商人介紹，有一位猶太畫家前來拜訪我。我帶他到銀座一間名為「皇冠」的卡巴萊[2]玩。這位畫家拿出一張畫紙，開始描繪一位圍繞在我們附近的女公關，然後向我展示完成後的畫作。不愧是專業畫家，作品極為出色。

「畫得非常好！」我誇讚道。

他隨即轉向我，又開始在紙上揮灑畫筆，他時不時地朝我伸出左手，豎起大拇指後又再度轉向畫紙。從我的位置無法看見他畫的東西，但感覺他應該是以我為模特兒進行創作。我心想，既然如此，那我就擺個姿勢，讓他更容易下筆吧。

我擺出我的側臉，一動也不動的坐了十多分鐘。

「OK，完成了！」

聽到他這麼說，我終於鬆了一口氣。

「銀座的猶太人」慘遭打臉

當畫家將完成的作品展示給我看時，我完全愣住了。他的畫紙上，竟然只畫了他自己左手大拇指的素描。

2 設有舞台的餐廳或夜總會，「卡巴萊」是一種結合喜劇、歌曲、舞蹈、話劇等元素的娛樂表演。

「我好不容易才擺了個姿勢，你這傢伙太過分了吧！」

我抱怨的說，而畫家則開心地笑了起來。

「藤田先生，您『銀座的猶太人』這個稱號，可是連在芝加哥都相當有名呢！我只是想測試您一下。只不過，您連我究竟在畫什麼都沒有確認，就自以為是地認為我在畫你，還好心的擺了個姿勢。雖然您的好意沒什麼可挑剔的，但像您這樣還差得遠呢！您這樣還稱不上是『銀座的猶太人』喔！」

因為畫家前一刻讓我看到他畫女公關的樣子，我便想當然爾地認為下一個應該就是在畫我了。

話說回來，即便是曾經合作愉快的交易對象，猶太商人在跟他做下一筆交易時，也不會比初次交易的人更信任他們。

對猶太商人而言，無論是跟誰做生意，每次交易都像是「第一次」。如果自以為第二次交易會和前一次一樣順利，並因此輕信對方，那麼在猶太商法中就還算不上是及格的商人。

當時的我，甚至一度產生錯覺，我覺得坐在我面前的這個人不是畫家，而是一位貨真價實的猶太商人。

47 為了達成目的，國家主權算什麼？

在二戰期間，納粹德國瘋狂地屠殺猶太人，最終有六百萬名猶太人被殺害。戰後，大部分的納粹領導人都被軍事法庭判處死刑或終身監禁，唯有艾希曼（Eichmann）[3]下落不明。

原來，艾希曼早已逃到南美，並佯裝成阿根廷人，才得以存活下來。

但這件事，最終還是傳到了以色列的祕密警察那裡。在掌握確切的證據後，

3 納粹德國的黨衛軍中校，是二戰時屠殺猶太人的主要戰犯之一。艾希曼在戰後逃亡至阿根廷定居，後來遭以色列特務逮捕，經公開審判後絞死。

以色列祕密警察前往阿根廷，逮捕了艾希曼，並將他帶回以色列。隨後在法庭上判處他死刑，處決了他。

我對把無辜猶太人送進毒氣室裡的納粹毫無同情之意，我也認為艾希曼的伏法完全合情合理。但我對以色列的祕密警察進入阿根廷、逮捕艾希曼的行為則不以為然。因為此舉已明目張膽地侵犯了阿根廷的國家主權。通常這類問題，應該由一國向另一國提出引渡犯人的要求，透過政治手段來解決。但以色列的祕密警察卻公然闖進阿根廷，把艾希曼強行帶走。這毫無疑問地已侵犯了阿根廷的主權。

猶太人在全球媒體的影響力

最奇怪的是，當時全球各新聞媒體的態度。沒有任何一家媒體提出「阿根廷主權受到侵犯」的質疑，所有的報導都聚焦在：艾希曼是罪大惡極之人。

一個國家的主權遭受侵犯，理應會引起軒然大波。但所有的媒體卻視而不見，只是大篇幅報導艾希曼的罪行——這分明是猶太人的影響力已滲透至全球媒體的最佳證據。那些理應秉持客觀公正的新聞媒體，卻一面倒的支持猶太人。

我曾向幾位猶太人提起艾希曼被逮捕的事，直言以色列侵犯了阿根廷的主權，實在是太超過了。但猶太人卻冷冷地回覆說：「那是你的問題！主權算得了什麼？那傢伙可是屠殺六百萬名猶太人的兇手啊！」

猶太人一副理所當然的樣子，不屑地打發我。但我認為，這樣的論調根本說不通。

若要我說的話，從「讓說不通的道理也行得通」這一點，就可看出猶太人驚人的實力——只要讓新聞媒體噤聲，就可以為所欲為，包括侵犯其他國家的主權。猶太人明白這一點，並且早就這麼做了。

48

不懂的事，就問到懂為止

日本人到國外旅遊時，通常是由導遊帶著他們參觀各個名勝古蹟，然後就心滿意足地回國。這或許是因為日本人從小學到高中畢業旅行的習慣已根深蒂固，使得他們習慣於這種幼稚的旅遊方式。

我會這麼說，是因為日本人造訪西歐各國的時候，無論是遇到英國人、法國人、美國人、猶太人等，他們往往無法一眼分辨出來對方是哪國人。既然連臉都認不清，更遑論要去理解當地居民的生活，這對日本人來說簡直是天方夜譚。因此，他們寧願選擇一種輕鬆的旅遊方式。

但就像魚舖老闆要能分辨魚的樣貌一樣，他們能一眼看出哪條魚漂亮、哪條魚醜陋。我跟猶太人打交道二十多年來，也學會了怎麼一眼分辨出猶太人——他們獨特的高挺鷹勾鼻是最鮮明的特徵。

正如同日本人難以分辨白人一樣，對白人而言，分辨日本人、中國人與朝鮮人也極為困難。大多數白人甚至不會費心去辨認，只有猶太人例外。他們或許對名勝古蹟興趣缺缺，但對不同人種、民族的生活，以及其心理和歷史背景等卻擁有超乎專家的好奇心，甚至會試圖窺探各個種族不為人知的一面。

拒絕模稜兩可的答案

猶太人強烈的好奇心，或許源自於他們長期流浪及受迫害的歷史，導致他們對其他民族的警戒心理，也或許是自我防衛的本能所致。然而，這種好奇心，無疑也成為猶太商法最堅實的支柱。

每當有猶太人來到日本、造訪我的辦公室時，他們幾乎都會說：「藤田先生，請把車借給我。」

「如果要參觀名勝古蹟的話，我可以帶你們去呀！」

「不用了，我們已經做好功課了。」

他們拿到車之後，便帶著地圖和旅遊指南出發。過了幾天，當他們回來時，麻煩才真正開始。他們會請我吃飯，當作是借車的謝禮。然後在餐桌上提出一連串的問題，我根本就無法好好吃飯。

「為什麼日本男人在家會穿和服，外出時卻不穿呢？」

「為什麼足袋是白色的？白色不是更容易弄髒嗎？」

「為什麼要用筷子吃飯？用湯匙不是更方便嗎？難道筷子是日本人的祖先留下來的窮苦習慣？」

問題一個接著一個，直到他們徹底理解之後才肯罷休。這早已超乎「問乃一時之恥」[4]的程度，若負責回答問題的我不知道答案，或只是一知半解，丟臉的可是我自己。猶太人絕不接受模稜兩可的答案，而這種性格也在他們的生意往來中發揮得淋漓盡致。

把不懂的事弄到懂為止——這就是猶太商法的金律。

49 做生意務必要「掌握敵情」

每當猶太人問我跟日本有關的問題時，他們往往能發現其中的矛盾之處，然後對我群起圍攻。由於他們對日本的風俗習慣、傳統及興趣愛好等所知有限，因此經常提出許多稀奇古怪，甚至是無厘頭的問題，常常令我哭笑不得。

然而，他們之所以會提出這些問題，其實都源自於他們的人生哲學，即「人應該要過著舒適且合理的生活」。從這個角度來看，日本人的生活模式或許還有不少進步的空間。

4 日本諺語有云：「問乃一時之恥，不問乃一生之恥。」即提醒人們要不恥下問之意。

猶太人出國旅遊時，他們會詳細地做筆記，並且把旅遊地的民情風俗以八毫米膠片或幻燈片記錄下來，妥善保存。每當家人團聚時，他們會一邊播放這些影像，一邊向家人介紹異國的風俗習慣。有時候，那些從未到過日本的猶太商人子弟，對日本的事情卻瞭若指掌，甚至熟稔到令我感到驚訝的程度。這完全是因為他們從小就不斷觀看父執輩所播放的日本影像所致。

「知己知彼，百戰不殆。」

這句話出自《孫子兵法》，而猶太人對此早已了然於心。

雖然這些話稍嫌多餘，但我認為，歷史悠久的中國也有不亞於猶太人五千年公理的「中國人公理」。然而遺憾的是，中國人的公理是用漢文書寫的。如果這些公理是用英文書寫的話，也許就能被更多人所運用。但中國人的公理偏偏是用漢文來書寫記載，這成為它的致命缺陷。而這也是為什麼我會大聲疾呼「必須學會英語的閱讀和書寫」。如果孔子和孟子精通英語的話，世界史恐怕會出現比「如果克麗奧佩脫拉的鼻子再低兩毫米」[5]還要巨大的變化吧！

50

「健康」是商人最大的本錢

不論花多少錢，只要好好吃飯，就能帶來健康，而健康就是猶太商人最大的本錢。在長達兩千年的歷史中，儘管屢受迫害，猶太人的血脈卻從未中斷，這正體現了猶太民族對「健康」的重視。

相較之下，日本的上班族既不能好好吃飯，還得忍受沒完沒了的加班。午餐用一碗蕎麥冷麵打發，一整個禮拜辛苦工作，到了難得的假日，還得被家人逼得開車到那些擠滿人潮的景點兜風……日本人的悲哀究竟該何去何從呢？

5 語出法國哲學家布萊茲．帕斯卡（Blaise Pascal）在《思想錄》（*Pensées*）中的著名評論。帕斯卡假設，如果克麗奧佩脫拉（即「埃及豔后」）的鼻子能短一些（暗指她沒那麼美麗的話），她可能就無法吸引凱撒和安東尼，進而可能導致羅馬帝國的歷史甚至世界的歷史出現巨大改變。

蹟。

但即便如此，日本人的血脈依然能延續至今，這簡直是超乎耶穌復活的奇蹟。

每週的星期五晚上到星期六傍晚，猶太人會禁酒、禁菸、禁慾，斷絕一切欲望，專心休息，並向神禱告。據說每到這個時候，紐約的車流量都會減半，猶太人就是如此恪遵這個休息的戒律。

經過整整二十四小時的充分休息，從星期六晚上開始，就是猶太人的週末。猶太人會在充分的休息之後，悠閒地享受週末時光。

猶太人在歷史長河中明白到：一味地埋首於工作中，總有一天會損害自己的健康，無法享受「快樂」這個人生目的。

「工作之後一定要充分的休息」，請切記這一點。

51 清理恥垢，驅除疾病

在白人當中，猶太人算是罕見喜歡洗澡的族群。德國人通常每兩週洗一次澡，法國人洗澡的頻率更少，而猶太人卻是每天晚上都會洗澡，由此可見他們是一個特別愛乾淨的民族。

猶太男性會遵照猶太教的教誨接受割禮，每次洗澡時，也會仔細地清除恥垢。或許正因為如此，從醫學統計數據來看，猶太女性罹患子宮癌的比例比其他民族要低得許多。

猶太男性之所以接受割禮，除了單純的宗教因素之外，據說也與猶太人將快樂視為人生目的的生活方式有關。但無論是基於什麼理由，從猶太女性鮮少罹患子宮癌的事實來看，猶太人深知健康與乾淨密不可分。

猶太人從小就被教導，就算遇到缺水或是緊急狀況，也要清潔身體的陰部與腋下這兩個部位，這就是所謂的「猶太式沐浴」。猶太人在泡澡時，也會特別仔細清洗這兩個部位。

稍微離題一下，猶太男性在泡西式浴缸時，會讓水位恰好停留在肚子的高度，讓他們的男性象徵自然浮出水面，他們會握著它仔細清潔恥垢。相對的，日本人會把浴缸的水放得較滿，男性象徵會沉在水面之下，容易忽略清潔。但若考慮到這關乎家中主婦（妻子）的健康，就不能不將之當成一回事。

52 猶太女性的胸部是為了嬰兒而存在

除了猶太女性，異教徒女性普遍不願意跟猶太人結婚。在猶太人中，越是優秀的人反而越難有孩子。如果異教徒女性願意跟猶太人結婚，那麼猶太民族面臨的這些困擾或許就能迎刃而解。

異教徒女性不願跟猶太人結婚的原因，除了猶太人長期以來備受歧視之外，還有一個很重要的原因，就是猶太人不接受以人工營養（例如動物奶或配方奶）餵養孩子。

猶太人的觀念是：人類的孩子就必須以人類的乳汁來餵養。他們主張「母乳才符合自然的法則。我們幾千年來一直是以母乳哺育後代，用動物的乳汁餵養人類孩子是不正確的」。

至於哺乳會導致女性胸型下垂這種事，猶太人完全不會在意。而這正是那些竭力維持胸部曲線美的異教徒女性，會遠離猶太人的主要原因。

猶太教不接受任何違背自然規律的事。因此，若有猶太人放棄以母乳餵養小孩，他們就會被趕出猶太教會。

相較之下，日本充斥著許多不合理且違背自然規律的成規。而不具備數千年歷史高度、無法以廣闊視野看待事物的日本人，卻樂於遵從這些成規。

53 滿分一百，六十分就及格

即使是猶太人之間的生意往來，有時也難免會發生爭執。遇到這種情況，雙方通常會把問題提交給猶太教的拉比[6]，請求裁定。這種做法源自過去猶太人無法利用基督教徒的法院來解決爭端，因而發展出的一種生活智慧，並延續至今。

拉比的裁決被認定為是神的裁決，必須絕對服從。若有人拒絕服從拉比的裁定，就會被猶太社會拒於門外。

提到猶太商法，或許有人會聯想到莎士比亞筆下冷酷無情的《威尼斯商人》[7]。然而，這部戲劇實際上是為了迫害猶太人而撰寫的荒謬之作。真正的猶太商人，即便他們為了錢，連妻子都不信任，但也是絕對遵從猶太教的戒律、有血有肉之人。

「人類能做之事」的極限

對猶太人而言，即便是絕對的競爭對手，也會有失敗的可能。

舉例來說，紐約曾查獲一個大規模的走私集團，其中有一名猶太拉比，被發現將寶石藏在牙膏管中進行走私。

若是在日本有高僧做出這樣的事，信徒們想必會驚訝得無法接受，甚至可能會放火燒毀寺廟泄憤。然而，猶太人的反應卻會相當平淡。

「拉比也是人啊，他們也可能會犯錯。」

他們會如此雲淡風輕地回應。

因為對猶太人來說，拉比也只是普通人。既然是人，那麼及格的標準一律就

6 拉比是猶太律法對合格教師的稱呼，除了擔負聖職、解釋宗教律法、指導教徒，也是猶太人日常事務的仲裁者。

7 莎士比亞在《威尼斯商人》這部戲劇作品中，塑造出猶太人奸詐、狡猾又醜陋的形象。

只有六十分。

在日本的大學中，八十分以上的分數會被評為「優」，七十分到七十九分為「良」，六十分到六十九分為「可」，而五十九分以下則是「不及格」。換句話說，六十分是最低的及格標準。

猶太人把六十分視為是及格標準，是有其理由的。本書一開始就提到，猶太人的世界觀是「78：22，正負1」。這裡的「78」代表78%，而78的78%正好是60（78×78%＝60.84）。

對神或機械要求百分之百完美的猶太人，對人類只會要求六十分。

54 成為猶太教徒

雖然有人會批評猶太人所信奉的猶太教，但我認為猶太教是一個非常了不起的宗教。若猶太教真的是某些人所說的騙局，絕不可能延續五千年之久。

信奉猶太教的猶太人非常擅於賺錢，而我真心希望全世界的人都能夠成為猶太教徒。因為如此一來，世上不僅不會有戰爭，而且每個人都能賺到錢，甚至可能創造出一個人間的樂園。

或許在幾百年之後，地球上的所有人都會成為猶太教徒也說不定。照這樣下去，全世界被猶太這個優秀的民族征服，也只是早晚的事。

日本的神道也有掌管生意和金錢的神明，但我覺得猶太教的神似乎更為靈驗。

55 鑽石事業不能只仰賴一代人

我是從經營飾品、手提包等配件的貿易起家，隨著工作不斷進展，我萌生了想經營珠寶業務的念頭。說到珠寶，就不能不提到鑽石。

於是，我向世界級的鑽石商人海曼・麥特浩伯（Hyman Matthauber）提出交易的請求。他開出了相當嚴苛的條件說：

「如果你想做鑽石生意，至少要以百年為單位來計畫。也就是說，這不是你這一代人就能夠完成的事。此外，要經營鑽石生意，你必須得是一個在社會上受到尊敬的人，因為鑽石商的基業就是建立在他人的信任之上，為此，你必須要擁有各式各樣的知識。藤田先生，你知道澳大利亞附近有哪些深海魚嗎？」

海曼・麥特浩伯先生對我說了這些話。

在那之後，我如願以償開始經手鑽石生意，然而，猶太鑽石商人對交易對象的要求極高，他們要求交易對象的知識必須要能與自己匹配。也就是說，他們絕對不會與品行不端或教養不足的人做生意。

56 「賺錢」這件事會超越意識形態

猶太人會與世界各地的同胞保持緊密聯繫。無論是美國猶太人或蘇聯裔（現俄羅斯）猶太人，他們都視之為同胞。無論是倫敦、華盛頓或莫斯科，全都緊密相連。

就像美國的鑽石研磨商海瑞．溫斯頓（Harry Winston）與全球各地的猶太人都有緊密合作。而瑞士的猶太人則會善用他們位居中立國家的優勢，與蘇聯猶太人及美國猶太人合作。透過瑞士猶太人作為橋樑，美國人和蘇聯人也可以進行自由貿易。

在猶太人的世界裡，並不存在資本主義與共產主義的界線。

「無論是耶穌還是馬克思，都從未指使我們去殺人。他們只不過是對『如何為人類帶來幸福』的見解上有不同的看法罷了。畢竟這兩個人都是猶太人，不可能說出『殺人』這種不可理喻的話。」

因此，蘇聯猶太人與美國猶太人透過瑞士的中間商來交易，是理所當然的常識。

「跟蘇聯人做生意有什麼錯嗎？」

猶太人為此感到疑惑。對跟世界各地的人都有生意往來的猶太商人而言，對方的國籍根本不重要。

當猶太人在跟非猶太民族做生意時，並不會刻意稱對方為「德國人」或「法國人」，而是統稱為「外國人」。這是因為猶太人完全不在意交易對象的國籍，只在乎對方能帶來的商業利益。

57 計算自己還剩下多少時間

若說猶太商人不在意交易對象的國籍，很容易會讓人聯想到他們在做一些惡劣、見不得光的事情。

猶太商法認為，只要是合法的生意，且不是以「讓人流淚」或「欺凌他人」為目的，那麼就算透過強烈手段來賺取利益，也不必受到譴責，反而是一種正當的商業行為。

像是透過囤積商品、拉抬價格以賺取利潤，就屬於一種正當的商業模式。壓低採購價格也並非壞事，反倒是那些被迫以賤價出售商品的人，才應該要受到譴責。

只要不觸犯法律，並且遵從猶太教的教誨，為了賺錢而採取任何手段，都是無可厚非的事。

對賺錢一事有著嚴格要求的猶太人，理所當然地也會計算自己的壽命。而且不僅是自己的壽命，猶太人連他人的壽命也都會精確地計算。

「您今年五十歲嗎？這樣的話，您大概還有十年的時間吧。」

他們能毫不在意地說出這樣的話。如果是日本人被當面這樣說，肯定會臉色大變、勃然大怒地說：「這話太不吉利了！」但如果雙方都是猶太人的話，被計算的那一方也能泰然自若。猶太人只是基於「人類的生命並非永恆」此一事實行事罷了。

眼光放遠，不急於在「我這一代」決勝負

我曾在芝加哥遇到一位富有的猶太老翁。他沒有自己的房子，而是住在一間租來的公寓裡。

「像您這麼有錢的人，為什麼要住在這種公寓裡呢？您要買多少房子都不成

問題不是嗎？」我驚訝地問道。

「買了房子也沒什麼用啊，反正我再過幾年就要死了。」

老人平靜地回答。

「還有幾年」這種「無法如此冷靜計算自己壽命」的情況，正是讓詐欺橫行的日本式商法之溫床。連自己的壽命都不敢計算，只想蒙混過去的日本人，自然無法贏得猶太人的信任。

猶太人從不隱居。當他們說「我還有五年的時間」，這不是說他們五年後要退休，而是預測自己可能會在五年後去世。

猶太人之所以會如此計算壽命，是因為猶太人「祖祖輩輩」的觀念根深蒂固。相較之下，以一個世代四十年為單位來看待工作的日本人，就顯得目光短淺。

58

不要欺騙猶太商人

某天，一位自稱G的美國律師打電話到我的辦公室。

「我有件事想跟您商量，我們見個面吧！」這是一通約見的電話。由於我當時相當忙碌，便婉拒了他的請求。

「請您務必要抽出一些時間給我！」

「抱歉，我真的忙到沒有時間。」

「藤田先生，我願意支付您每小時200美元，請您務必跟我見一面。」

G律師不惜花錢要買到我的時間，或許真的有非常緊急的事。

「那好吧，我給你三十分鐘。」

我如此回答他。

來到我辦公室的G，要跟我商量以下的事。

由G擔任法律顧問的一間美國公司，打算要跟日本的某商社合作，因此他們希望能找一位監察員（Inspector）來監督該商社是否有確實遵守契約。監察員的薪水是每個月1000美元，G律師希望我能介紹合適的人選給他。

G律師帶著一份猶太人寫給我的介紹信。他說：「如果您有合適的人選，就代表那個人絕對沒問題，因為您是猶太人的朋友。」

我請他讓我看看他們與日本商社簽訂的契約。

「契約內容非常完美……」G律師這麼說，接著就把契約書拿給我看。

我看完之後，不禁噗哧一笑。

對美國人來說，這份契約或許相當完美，但從日本人的角度來看，這卻是一份漏洞百出、欺騙性十足的契約。

「如果是這樣的話，你們確實需要一位監察員哪！」

我向G律師指出了該契約中可能存在問題之處，並推薦了一位會說英語且目前剛好無所事事的男人，擔任他們的監察員。那人幾乎不用做什麼事，每個月就能賺到1000美元。

果然關鍵是要會動腦筋。

不過無論如何，千萬不要欺騙或設陷於猶太人。因為若了解他們的力量，就會明白這樣做必然會反噬自己，帶來致命的傷害，這一點實在再明顯也不過了。

59 商人的時間與一般人不同

當我開始擔任日本麥當勞公司的社長、經手漢堡生意時，有一位猶太人來找我。當時，我已經開了四間分店，正為了籌備下一間分店的事忙得不可開交。

「藤田先生，您現在很閒吧？」猶太人漫不經心地問道。

「別開玩笑了！我忙個半死！」我有些氣惱地回應。

「不，藤田先生，您確實很閒啊。」

「我一點也不閒！」

「這樣啊，您說您不閒，卻經營四間漢堡店，甚至還準備開第五間店……我認為您能做這麼多事，都是因為您很閒啊！」

我被他說得啞口無言。仔細一想，猶太人說的確實有道理。

那位猶太人笑了笑，對我拋了個媚眼。

「藤田先生，沒有空閒時間的人，是無法賺錢的。商人想賺錢，就必須騰出空閒時間才行。」

他說得完全正確！

Part Ⅳ

「銀座的猶太人」之商戰語錄

60 那些仰賴猶太商人吃穿的人

如我在前文所說，無論是法人還是個人，列支敦斯登的稅金每年都固定是250美元。即使是花費一筆等同於7000萬日圓的錢購買國籍，與日本過高的累進稅率相比，依然相當划算。對世界各地的猶太人而言，列支敦斯登的國籍充滿吸引力，對我而言也是如此。

「有什麼方法能讓我取得列支敦斯登的國籍呢？」我向勞恩斯坦先生（前文提到的施華洛世奇產品銷售權所有人）詢問。

「那麼，你去我們在列支敦斯登的總公司找一位名叫希爾特的經理商量吧。」勞恩斯坦先生告訴我。

他隨即幫我寫了一封介紹信，我拿著這封信飛往列支敦斯登，同時打電話聯繫了希爾特經理，希望能跟他約時間碰面。然而，我完全聽不懂電話那頭所說的話。那既不是英文，也不是法文或德文。

「好吧，這樣一來就只能直接登門拜訪了。」我在心中盤算，隨即搭上計程車前往勞恩斯坦先生給我的地址。

當我抵達總公司時，我大吃一驚。因為那裡只有一位患有小兒麻痺、行動不便的矮小男子。我進一步詢問，原來那名男子就是希爾特經理！

雖然我還是聽不懂他的語言，但他用生硬的英語解釋說：「我掛名了數十家公司的負責人，包括勞恩斯坦先生的公司。」

他滔滔不絕地補充：「我是全世界那些不想繳稅公司的社長！」

列支敦斯登國民令人稱羨的特權

我終於聽懂了。在列支敦斯登，有些國民就像希爾特先生一樣，他們的工作是擔任名義上的社長，然後過著一輩子無憂無慮的生活。「美酒、女人……您想得到的各種娛樂嗜好，只要憑著列支敦斯登國民的身份都可以實現！」從希爾特先生的神情上充分傳達出這個訊息。

聽著希爾特先生的話，我忍不住覺得既荒唐又好笑。我心想：「這些人讓猶太人辛苦幹活，然後用猶太人賺來的錢過著隨心所欲的生活。這不就是靠著猶太人吃穿嗎？」

「只要我還活著，我就不會讓您成為列支敦斯登人。」

希爾特先生坐在他那兼任數十間公司社長的辦公桌後，傲慢地說道。也因為這樣，我至今還無法成為列支敦斯登的國民。只不過，我也因此見到如何仰賴猶太人過活的實例，我才知道原來還有這樣的生活方式，這也讓我的信念更加堅定。

過去我曾一度以為，面對猶太人時只能完全臣服，但事實證明：人外有人，天外有天。

61

賺不到錢的人既愚蠢又無能

我經常在想，像日本這樣勤奮的民族，為什麼這麼窮呢？

每當我這麼說時，總會有人回答：「這是因為日本的政治家太糟糕，領導力不足的緣故。」

政治家糟糕這一點的確是無可奈何的事。任何一個發展中的國家，政治家的素質低落是可以預期的。

但在我看來，只要肯動腦筋，賺錢的機會隨處可見。

甚至可以說，賺錢的機會要多少有多少。

隨處都可聽見錢噹啷噹啷作響的聲音。

如果連這樣都賺不到錢，只能說這些人是愚蠢、無能、無可救藥的傢伙。

62

法律漏洞裡藏著滿滿的現金

我曾透過購買加工貿易產品的出口實績（出口紀錄），藉此獲得更多原材料的進口配額，然後利用這些配額來賺錢。

因為我充分利用了「按出口實績分配進口數量」的法規。幸運的是，法律並未禁止收購出口實績的做法，因為他們壓根沒想到會有人像我這樣大規模收購出口實績。我就是利用這樣的法律漏洞來賺錢。

法律畢竟是人類制定的。用猶太人的話來說，法律條文多半是剛好低空飛過60分及格線的「不完美產物」。而商人必須著眼於這些不完美之處。

請務必記住：法律的漏洞和縫隙之間，隱藏著滿滿的現金。

63 拒絕「事前疏通」的工作

我的進口皮包生意仍持續進行著，並將最高級的包包批發到百貨公司。因為這個緣故，我經常造訪各大百貨公司。每次我都會直奔百貨公司的賣場，談完工作的事情之後就會馬上離開。

然而，日本是一個奇怪的國家。「光是跟現場人員談妥後就離開」是不行的。

「藤田先生，我們部長聽說您今天要來，正在辦公室等您呢！能不能請您抽空跟他見個面呢？」賣場的年輕人總會這麼說。

「可是，我已經和你談完了啊……如果有什麼特別的事，就請部長來找我就好了。」

「不，也沒什麼特別的事，只是還有一些關於下次進貨的問題……算是事前疏通[1]吧。」

「也就是說，要談『談公事之前』的公事嗎？」

「呃，不是這個意思……但您都來了，如果不跟部長打聲招呼，部長可能會不太高興……總而言之，就是事前疏通啊！」

我跟賣場人員的對話總是會變成這個樣子。

我對「事前疏通」的做法很反感，到底是要疏通什麼？根本毫無意義，完全是浪費時間！最好的辦法就是拒絕這種要求。

如果我聽了賣場年輕人的建議去見了部長，跟他說：「下次我打算進這款包包，還請多多關照！」部長絕對不會回答：「好，我知道了！」

他反而會說：「這樣啊！那麼，我找某某負責人過來，您再跟他談談吧。」

結果就是，我得在部長面前，重新再和賣場的年輕人見一面，然後再說一次相同的話。

在賣場說一次，對部長說一次，在部長面前又再對賣場的年輕人說一次，同樣的內容要重複說三次，這就像被警察抓到的搶劫犯，得反覆招供一樣。

正是這種毫無效率的事，使得極為不擅長賺錢的「日本商法」出現其特有的損耗。

64 職位越高的人更不能偷懶

以前述百貨公司的例子來說，賣場的年輕人忙得不可開交，而部長卻待在辦公室裡，一邊挖著鼻屎，一邊悠哉地翻閱高爾夫雜誌。這種情況在我看來，簡直是荒唐至極。

領著高薪的是部長，經驗豐富的也是部長，判斷力更勝一籌的仍然是部長。

1 意指在正式場合或談判之前，為了取得共識或讓工作順利進行，而事先與相關人員進行的非正式協商。

而這樣的人竟然不用做事，對公司來說這是莫大的損失。薪資較低、經驗不足又不具判斷能力的菜鳥閒著沒事做還可以理解，但那些位高權重的人，就應該忙到連感冒的時間都沒有才對。而這段期間，讓菜鳥悠閒地打高爾夫就行了。

65 不要被猶太人的步調牽著走

猶太人總是對猶太民族悠久的歷史感到自豪。他們常說，猶太商法誕生時，日本還處於「天鈿女命在天岩戶前賣力跳舞、袒胸露背」的時代[2]。

正如猶太人所說，當他們開始簽約做生意的時候，日本說不定都還未進入以物易物的階段。

只不過，我不會讓猶太人就這麼無止境的囂張下去。我會毫不客氣地回嗆：「但日本人在過去兩千年裡，始終都擁有自己的土地可以回家。」

「這件事的確讓我很羨慕……」猶太人露出落寞的神情說道。

雖然我對猶太人悠久的歷史相當尊敬，但我也會隨時提醒自己，不要被猶太人的步調牽著走。

66 抱持「懷疑主義」的人賺不了錢

在我與猶太人相處的過程中，我最先被他們指出來的缺點，是我的懷疑主義。

「聽好了，我們教你的可是猶太公理，這是一套經得起四千多年的考驗、不

2 語出日本的神話故事：太陽女神天照大御神因與弟弟素戔鳴尊吵架，隱居天岩戶，使世界陷入黑暗。眾神為引天照重返，派出能歌善舞的天鈿女命在天岩戶前跳舞、裸露身軀，引起其他神明大笑，促使天照好奇外出查看，進而重現光明。

證自明的公理。你應該坦率地接受它。『不相信他人，只相信自己』的態度固然很好，但對他人所言採取全盤懷疑的做法，只會阻礙你的行動力。懷疑主義只會讓你什麼事都做不了。像這樣的人，是賺不了錢的。」

猶太人經常這樣告訴我。

日本人在雙方簽訂契約後，依然有可能會不相信對方；但猶太人一旦簽訂了契約，就會完全信任對方。因此，如果發生違約、信任關係被摧毀的狀況，他們絕對不會善罷甘休，一定會求償到底。

只不過，我的懷疑主義很難說改就改，這也讓我吃了不少虧。

我曾到義大利採購鞋子，由於對產品存疑，我提出了許多要求，結果被義大利鞋商破口大罵：「日本人從開始穿鞋子到現在還不到一百年，我們可是穿了兩千年的鞋子！你少在這裡指指點點！」

我完全無言以對。

我認為，日本的「公理」或許就是所謂的「沉默是金」。

當猶太人遇到有人違約時，會說：「No Explanation.」（不必解釋，解釋也沒用），隨即奪走違約金。因此，我們只需要默默賺錢就好，「沉默是金」，請各位務必要謹記這一點。

67 小家子氣的人成不了大事

十年前，我的母校北野中學（現為大阪府立北野高校）舉行了創校九十週年的紀念典禮。當時，住在東京的理事共有三個人，包括已故的朝日啤酒社長山本為三郎先生、森繁久彌先生，以及我。由於山本先生和森繁先生都很忙，因此由我擔任東京代表，出席理事會。

當時我們討論的議題，是該如何慶祝創校九十週年。原案是要興建一座圖書館，所有理事都同意了，只有我大力反對。

「各位理事，你們是瘋了嗎？圖書館這種東西，是明治政府為了消滅文盲而開始推動興建的。現在都什麼時代了還要蓋圖書館？這簡直是荒謬至極的時代錯誤。就是因為有圖書館，日本才有這麼多近視的人。我自己就是一個戴著眼鏡的大近視，眾所皆知，在和女性接吻時，眼鏡可是很礙事的。而且聽到蓋圖書館會開心的人，也只有承包圖書館工程的前輩K公司吧。別蓋圖書館了，我們蓋一個汽車練習場捐給學校吧！」

我是這麼提議的。

然而在經過表決後，我的提案以七十比一被否決了。無奈之下，我又提出了第二個方案。

「那就別蓋圖書館，改成蓋一座保齡球館捐給學校吧。保齡球是一種即使上了年紀也能持續做的健康運動。我願意贊助1000萬日圓來興建這個保齡球館。」

結果，我的提案再次以七十比一被否決。我憤怒地回到東京，心想我的母校怎麼會出了這麼多毫無遠見的人，實在令我很無言。

另一個新計畫：環遊世界一圈的畢業旅行

就這樣拖拖拉拉又過了十年，這次輪到要慶祝創校一百週年了。不知道是誰提起，要找十年前從東京來的那個瘋子參加籌備紀念活動的理事會，於是我又再次受邀出席。我搭乘飛機前往大阪，與負責的理事見面。

「早知道十年前我們就按照藤田先生的建議，蓋一個汽車練習場就好了。這次我們打算按照您說的蓋一個汽車練習場，還請您多多幫忙捐款。」

聽到這番話，我盯著那位理事的臉瞧了好一會兒，然後說道：

「您是不是腦子有問題啊？您在開玩笑嗎？聽好了，人生在世必須要搶先一步行動才行，後知後覺是不行的。您說汽車練習場？現在馬路上已經車滿為患了，這個時候才來蓋練習場？這怎麼行呢！」

「那麼……您有什麼好建議呢？」

「這樣吧，一百年就是一個世紀，能夠匹配一個世紀份量的活動，那就只能讓全校的學生去環遊世界一圈了。讓全校一千兩百名學生，用七、八兩個月的時間去環遊世界。我可以幫學校和船公司談條件。我們不是有兩萬名校友嗎？每人捐出1萬5000日圓，就能籌到3億日圓，就用這筆錢讓全校學生去環遊世界一圈吧！一千兩百位高中生能親眼看看這個世界，對他們來說可是巨大的財富。等過了三十歲才出國就太晚了，一定要趁年輕的時候去才行！」

那位理事目瞪口呆的聽著我的話，但似乎完全沒有想把這個計畫付諸實踐的意思。

日本人做事，普遍還是格局太小、太小家子氣了。如果換作是猶太人，應該早就舉雙手贊成我的這個遠大計畫了。

68
別讓東大畢業生去當公務員

我認為，沒有什麼比日本的資本主義更不可靠了。

跟私立學校相比，公立學校的學費便宜得非常多。現在的私立幼稚園，每個月的托育費至少要４０００日圓，而公立幼稚園一整年的費用竟然只要1萬2000日圓，這實在太令人驚訝了。

這是因為公立學校是由日本政府支撐，完全不必仰賴學生的學費就能生存。也就是說，像東京大學這樣的公立學校學生，基本上都是由納稅人所繳的稅金培育出來的。

另外，就如各位所知，絕大部份名為國家公務員的政府官員，都是東大畢業的。這些靠著納稅人的錢完成學業的東大生，畢業之後進入公務員體系，等於一生都靠著國家的稅金在過日子。在資本主義的世界裡，沒有比這更荒唐的事情了。

大學生靠著納稅人的錢接受教育，畢業之後理應進入社會，成為納稅人。至少也應該對自己一輩子仰賴國民稅金過活感到慚愧，將之視為是一種寄生行為。但是，東大畢業生卻完全無感，這充分顯示出他們的厚顏無恥。

東大生是日本缺陷教育的犧牲者

令人不解的是，世上竟然有許多夢想著要跟東大畢業生結婚的女性。在我看來，東大畢業生的腦中，充斥著不斷打轉的黑暗慾望，說他們是變態性慾者也不為過。

同樣是東大畢業的我，之所以會這麼說，是因為我非常了解東大生的缺陷所在。東大畢業生可說具備了扭曲的日本教育所帶來的各種惡習。

每當我遇到那些想嫁給東大畢業生的女性時，我都會告誡她們：

「這種想法實在是太愚蠢了。東大畢業的人，絕對不可能讓妳得到幸福。妳的下半輩子會過得極其乏味無趣。聽我一句勸，趁早打消這個念頭吧！」

如果東大從日本消失，無論是日本還是日本人，肯定都能更上一層樓——關於這一點，我就不一一列舉那些出身於東大的日本首相了。

69 不要為了心病而請假

日文的「生病」（病気）二字，包含了一個「氣」（気）字，可見這是一種「心病」[3]。

3 日文中的「病気」中的「気」在語意上偏向「精神狀態」或「心情」。

在我的公司中，有時也有人會跟我說：「社長，我感冒了，明天要跟您請假一天。」

「好，你休息吧！如果你明天死了，我會相信你是真的病了。但如果你只休息一天，後天又若無其事回來上班的話，那就證明你不是病了，只是懈怠罷了。」我這麼回答。

有趣的是，聽我這麼一說，員工的病就會好了一半。結果，沒請假反而治好了病。依我看，請一兩天的病假，無非只是偷懶休息罷了。

如果員工要休假，我希望他們能光明正大地為了休息而休假。當然，自從我創辦藤田商店以來，我從來沒有休息過一天。

70

不想學習的人就把薪水還來

有人說電影業已成為夕陽產業，但我每個月都會強迫全體員工看一次電影，費用由公司負擔。不過，我讓他們看的不是無趣的電影，而是走在全球流行尖端的電影。我希望他們能思考：當前人們的心理狀態是什麼？為什麼會出現這樣的電影題材？

也就是說，看電影也是一種重要的學習方式。除非有特殊的理由，我要求員工一定都得參加電影觀賞會，缺席的人得把電影票的錢歸還給公司，不然這筆錢就白白浪費了。

身為公司負責人，對於不願意學習的員工，就該毫不猶豫地要求他歸還薪水。

71 商人要把女性的優勢發揮到極致

我公司有一半的員工都是女性，但我不會讓她們只做端茶倒水的工作。我會讓她們和男性員工一樣，到國外做採購的工作。除了資深員工，我也會讓剛任職不久的女性員工到國外出差。

女性通常對出國這件事都有一種難以抗拒的熱情，一聽說要到國外出差，她們總是會興高采烈地期盼。而國外的猶太人，看到我派來的是日本女性，也會眉開眼笑地親切接待。

「趁對方露出色眯眯的樣子時，狠狠地砍價就對了！」我總會這樣叮囑女性員工。由於我在日本國內不搞折扣戰那一套，所以只要在國外採購時能壓低成本，就一定有利可圖。

此外，負責採購工作的女性比男性更具有優勢。

第一，她們不喝酒。雖然也有例外，但絕大多數的女性都對酒沒興趣，所以不會因為喝醉而失態。

第二，她們不會「買男人」。男性一旦出國，比起採購商品，他們更想先「買女人」，這就導致他們在工作上敷衍了事。而女性即使出國，也不會因為男性的關係而耽誤正事。

第三，女性的敬業精神更強。尤其是對給予自己出差機會的老闆，她們更是會忠心不二，絕不會背叛。

在猶太商法中，女性不僅是最大的顧客，同時也是最大的合作夥伴。因此，商人必須最大限度地發揮女性的優勢。

72

「週休二日就無法賺錢」的公司該收掉了

猶太人採用的是五天工作制，也就是週休二日。

即便一週只工作五天，他們的公司還是能獲利。因為這個緣故，我的公司很早就引進同樣的制度、實施週休二日很多年了。

「如果對手工作五天，我們就工作六天」，這是錯誤的想法！

相反的，應該用五天工作制來對抗五天工作制。

如果國外是五天工作制，而我們是六天工作制——這樣根本就不可能跟國外做生意。

如果你做的生意一週工作五天都還賺不到錢，我勸你盡早把公司收掉才是明智之舉。

73 打高爾夫的人不會抓狂

打過高爾夫的人都知道，用一號木桿擊中球心，小白球會一直線地飛向遠方，那種快感無與倫比。

據猶太人說，那種快感就跟攻陷一位美女一樣。也因此，中年男人才會對打高爾夫如此著迷。可以說，每次進攻果嶺，就像在進攻一位美女，難怪打高爾夫能大幅減輕壓力。

美國商界對打高爾夫的好處也相柬重視。大家都說，打高爾夫的人不會抓狂，是值得信賴的人。

公司社長的工作極其耗費心力，其抓狂率是所有職業中最高的。如果打高爾夫就能治好抓狂，那麼與其尋求名醫的幫助，還不如去打高爾夫。而這也代表，就算高爾夫球具的價格高昂，也是一種能熱賣的商品。

於是，我看準了這個商機，成為第一個將馬基高（MacGregor）的球桿引進日本的人。該品牌的球桿是由一家名為布倫瑞克（Brunswick）的猶太公司經手的。

74 在大企業工作的人，腦袋不靈光

M商社也參與了前述的高爾夫球具計畫。

我們談好，M商社拿到馬基高的代理權，由他們負責進口，而我則負責商品的批發與銷售。

第一年，我買進了20萬美元的產品。第二年，布倫瑞克公司要求我買進40萬美元的產品，我也照做了。第三年，他們再次要求我買進80萬美元的產品。我雖然答應了，但也提醒他們，隔年100萬美元就是我們的上限了。如果是我獨自拿下代理權，我有信心能賣出更多產品，但是由M商社來代理就沒意思了。我甚至已預測到，在80萬美元之後，他們會要求我加倍，也就是買進160萬美元的產品。

我向M商社的芝加哥分店經理提出讓我直接代理產品的要求，但我話還沒說完，就被他冷冷地拒絕了。

隔年，布倫瑞克公司果然要求我買進180萬美元的馬基高產品。M商社知道我的上限是100萬美元，因此回覆對方說180萬美元是不可能的。

「好吧，那麼M商社與藤田商店的聯軍也沒有存在的必要了，再見！」

布倫瑞克公司完全無視我們在日本成功銷售馬基高產品的功績，直接終止了與我們的合作。隨後，他們就進軍日本市場，成立馬基高產品的直營店。

在我看來，這都是因為M商社的頭腦不夠靈光，才導致與布倫瑞克公司的合作破局。如果是由我獨自處理的話，我還是有信心能把這門生意做下去。

後來，馬基高的經理跳槽到ＰＧＡ，我就轉而經營ＰＧＡ賽事的業務。與其自己熱衷高爾夫，我選擇把杉本英世[4]培養成日本第一的高爾夫選手，而杉本也是藤田商店的正式員工。

自從馬基高事件以來，我深深覺得，公司的規模越大，腦袋不靈光的人就越多。大公司的員工往往很容易高估自己、低估他人，而這正是傻瓜的最佳證明。

75 即使有錢也不要驕傲自滿

日本常自誇其ＧＮＰ（現為ＧＤＰ）排名全球第二[5]，為此驕傲不已。但事實上，日本是一個相當貧窮的國家。不僅沒有石油資源，一旦發生危機，現有的一切可能會瞬間歸零。這點請各位要銘記在心。

日本人的家庭不像外國人的家庭那樣和樂融融，這也是因為貧窮使然。然而，只要口袋裡稍微有一點錢，日本人就會開始驕傲自滿。只是去酒吧被叫了一聲「老闆好」，就會一臉陶醉的樣子。

據說銀座的章魚燒店會以「社長」來稱呼客人，讓客人開心地掏出錢來，像這樣的「社長」滿街都是。那些被稱呼「社長」而得意忘形、或是有點錢就趾高氣昂的人，很容易被猶太商人盯上，迅速捲走他們的錢。

基於這個理由，今後我會更拚命的與猶太商人一較高下，努力把更多的錢帶進日本。

4 日本高爾夫名將，是首批代表日本站上國際高球舞台的選手之一。
5 出自1972年的數據。2023年日本的GDP名列全球第四。

76

用追求女人的技巧來吸引金錢

不擅長賺錢的人，一輩子都跟錢無緣；而擅長賺錢的人，就如同異性緣極佳、經常不自覺吸引女人的男性一樣，錢會自動流到他們的口袋。

日本男人出國時，經常會花錢買女人。

「100美元能找到好女人嗎？如果100美元不行，那我願意出200美元。」

每次聽到這種話，我都覺得這些人是笨蛋。

花錢怎麼可能找到好女人呢？想想日本就知道了，願意為錢賣身的女人，無論你出1萬日圓或2萬日圓，都不可能找到什麼絕世美女。然而，這些人到了國外，卻天真的以為自己只要花大錢就能找到好女人，實在很可悲。

事實上，無論是在日本還是在國外，真正的好女人都是可以免費到手的。「鎖定免費的女人」，是最明智的做法。只不過，想免費得到女人，光靠小聰明是不可能的。追求女人和追求金錢一樣，都必須精通語言。如果只會說「猴語」，那麼就跟穿上衣服的猴子一樣，只是徒有其表罷了。至少要會說三種語言，才能稱得上是日本人——如果時代還沒有進步到這種程度，那麼就算您想自由追求國外的好女人，也是不可能辦到的。

金錢和女人其實是一樣的。我們不應該追著金錢跑，而是要以追求女人的技巧來吸引金錢。只要掌握這個竅門，財富自然會隨之而來。

77 商人要盡其所能的利用政治家

猶太人邁爾・阿姆謝爾・羅斯柴爾德（Mayer Amschel Rothschild）是羅斯柴

爾德家族的始祖，他在歐洲動盪時期鞏固了身為歐洲首屈一指的金融資本家地位。

在拿破崙戰爭期間，他一方面收買法國軍隊的最高司令官，另一方面又向英國的威靈頓將軍提供軍費貸款，並收取高額利息。

之後，羅斯柴爾德家族一方面利用拿破崙、梅特涅、俾斯麥等歐洲動盪時期的英雄，另一方面也會讓自己被他們所利用，就這樣一步步累積出龐大的家業。

在「賺錢」這件事面前，政治和意識形態都毫無用處，甚至可以說是毫不相關。

說得更極端一點，只要是有利用價值、利用後能帶來利益的政治人物，就應該要盡其所能的去利用他們。

78 只要打對算盤，商人也可以支持共產黨

我在昭和42年（1967年）的選舉中，支持了當時東京四區的松本善明先生。眾所周知，松本先生是日本共產黨的潛力新星。在這次選舉中，他成功當選眾議員，為東京都帶來了睽違十八年的共產黨國會議員席次。

我支持松本先生的方式，並不是手持麥克風在街頭四處奔走拉票，而是以商人的方式，為他提供競選資金。

我與松本先生的交情，可以追溯到我們在大阪的北野中學到東大法學部時期，皆同校同班的經歷。

學生時代的松本先生就已加入共產黨，而我則是從保守陣營那裡獲取資金，創立了與之對立的「東大自治擁護聯盟」。

當時，我頂著一頭GI風格的髮型[6]去上學，便被松本先生和他的朋友斷定為：「GHQ的走狗！」

而我則回擊他們：「馬克思主義的賣國賊！」

之後，我逐漸遠離政治，而松本先生則通過了司法考試，展開他的律師生涯。正如他所說的話，他一邊「為了人民大眾，與政府官僚進行抗爭」，一邊以他共產黨員的身分，活躍於政治舞臺。

隨著我成為一個小有名氣的貿易商，我偶爾會以老朋友的身分，去向松本先生請教法律和訴訟問題。我們也經常在中學與大學的同學會上碰面。

而提供競選資金，也是出自松本先生的提議。但即便我提供資金，也不代表我被松本先生說服，喊出「共產黨萬歲」，然後投誠到他們陣營去。這一切，無非是出自商人的算計罷了。

在松本先生的當選祝賀會上，我是唯一一位被邀請的反共人士，而我也明確地表明我的立場。

接下來，我就向各位描述當時的情況。

79 賺錢不必考慮意識形態

松本同學在他當選眾議員的祝賀宴席上，向其他與會者這樣介紹我：

「今日在座的各位，除了這一位外，都是與我有著相同思想和立場的人。而唯一站在反共那一方的支持者，就是這位藤田田先生……」

承蒙介紹之後，我便站到麥克風前，簡短地表達我對松本同學當選的祝賀，隨後便講述了為什麼身為反共一方的我，卻願意支持松本同學：

6 長度極短，幾近頭皮的髮型，這裡意指類似駐日美軍風格的寸頭或鍋蓋頭。

當今的世界，分為以美國為中心的自由陣營和以蘇聯為中心的共產主義陣營。大家都知道，日本目前正處於完全依附美國的狀態。我認為這個狀態今後還會持續下去，我也衷心希望它能持續下去。原因很簡單，無論是對日本還是對我個人來說，日本再依賴美國一百年左右，才是最有利可圖的選擇。為此，我真心希望日本共產黨能夠增加更多國會席次。

只要日本國內存在一個代表共產陣營的政黨，而且影響力越強的話，就越能牽制日本的政治完全聽命於美國。這種牽制效果越強，美國就越會給日本好臉色看，遇事時也會越伸出援手。倘若美國對日本愛理不理，導致日本偏向蘇聯那一方的話，那才是真正的災難。而我的生意，也會因為美國的好臉色而嚐到甜頭——日本越是對美國鬧脾氣，美國就會越重視日本。

日本就像一個人體，它的體內存在一種名為「共產黨」的細菌，當這種細菌的活動越強烈時，美國這位「醫生」就會給予日本越多的良藥。

因此，我期待日本共產黨能承擔起這個鬧脾氣的「細菌」角色。我之所以提供一部分的競舉資金，完全是基於商業考量。而松本同學的勝選，證明我培養細菌的策略成功，我的投資也成功了。

理所當然的原則

我不確定在場的人聽了我的發言後，會把它當成我的玩笑話或真心話，但我確實獲得震耳欲聾的掌聲。

商人只需要追求利益即可，意識形態只不過是沒用的廢物罷了。

80 無能的政治家才是賣國賊

日本的政治家就像一面鏡子，反映出日本作為開發中國家的本質。既然註定要做壞事的話，我希望他們至少能做一些對國家有益的壞事。

例如，希特勒雖然是一個瘋狂屠殺猶太人的瘋子，但他為德國人留下了名為「高速公路」（Autobahn）的汽車專用道路，以及由保時捷博士設計的福斯汽車（Volkswagen）。[7]德國的高速公路是透過國民的勞動服務，不花一毛錢建成的。用免費的勞動力建造公路——世上還有比這更驚人的政治力量嗎？

相較之下，日本戰後那些主張振興出口、視進口業者為賣國賊的無能政治家，現在卻一百八十度轉彎說持有過多美元的出口業者才是賣國賊。

事實上，商人絕不可能成為賣國賊，真正賣國的人反而是那些低能的政治家，他們是一切問題的根源。

81 如果有事請教我，應該是您來拜訪我

某次，我在出差回程的途中，在火車上偶然與一位佩戴國會議員徽章的政治家比鄰而坐。

我們隨意聊了起來，話題包山包海。在談到計程車車資的問題時，我提道：「許多國家都規定，計程車跳表金額的55%會讓司機抽成，日本為什麼做不到呢？」

7 1930年代，希特勒推動「每個德國家庭要擁有一輛汽車」的計畫，委託保時捷博士（Ferdinand Porsche）設計一款價格低廉、適合大眾的汽車，即後來知名的「金龜車」（Beetle）。福斯汽車也因此誕生，並成為納粹政權「為人民服務」的象徵之一，與希特勒的政治宣傳緊密相連。

接著我又補充說：「這跟日本的落後程度有關，那些不把這個問題當成問題的日本政治家，跟其他國家的政治人物相比，也是遠遠落後。」

聽完我的話，那位政治家笑著說：「您提出的觀點還真是有趣，之後請務必來找我，我想再聽聽您的高見。」

「開什麼玩笑，我才沒那個時間去拜訪您！如果您有問題想問我，應該是您來拜訪我才對！」

我遞上名片，那位政治家臉色有點難看的接過我的名片。

後來我才知道，那個傢伙原來是當時的勞動大臣（現為厚生勞動大臣）。雖然多少有些惶恐，但我依然認為，只要日本還有這種「有事想請教卻要別人親自登門拜訪」的政治人物，日本的政治就不會有所進步。

也正是因為有這種神奇的腦迴路，日本的政治家在國際舞台上，只會一次又一次的丟人現眼。

82 第一印象會決定生意成敗

直到幾年前，當人們從國外旅行回來、飛機降落在羽田機場時，就會有個一臉高傲、身材矮小的男子登上飛機，目不轉睛地盯著每一個人的臉。這個人就是執行機中檢疫的檢疫官。這種行為，實在是給人非常糟糕的印象。其他國家根本不會這麼做。

檢疫官大可不必進到昏暗的機艙內，只要等在登機梯下面，確認每一個步下飛機的人即可完成工作。這才是一個不失禮的方式。

檢疫官是旅客來到日本時，第一個會見到的日本人，而對首次來到日本的外國人來說，檢疫官也可能是他們有生以來見到的第一個日本人。如果一開始對檢疫官的印象很差，那麼對日本而言，可說是相當致命的負面形象。

我從以前就對這種機中檢疫的做法深感不滿，只要一有機會，我就會對相關人士提出忠告——僅僅是不要讓黃皮膚的矮小男子登上飛機，就能大幅改善外國人對日本的印象。

值得慶幸的是，如今這一點已經有所改善，這也讓我的生意變得更加順利。因為在做生意時，第一印象是非常重要的。

83 掌握猶太商法的「定石」

猶太商法有其獨特的「定石」[8]。

「遵守契約」是其中之一，「瞄準女性和嘴巴」也是。若想將猶太商法融會貫通、化為己用，先決條件就是要充分消化本書所提到的各種「定石」。

猶太商法的「定石」，是唯一能在全世界通行的商法。若不了解這些「定石」就貿然進入商業世界，就像一個不會游泳的人卻直接跳進水裡一樣危險。

只有徹底理解本書的「定石」，才能與猶太商人勢均力敵地交鋒。沒有競爭的地方，就不會繁榮。因此，我們必須傾盡全力跟猶太商人競爭。

8 「定石」源自於圍棋術語。此處用以表示猶太商法中，不斷累積經驗法則所得出的最佳做法或策略。

專欄❸——猶太商人的隱語

猶太人聽了會高興的「GANSAMAHA」

有一些行話是只有猶太人之間才能夠理解的。

有人會用英語的「Jew」來稱呼猶太人，因此，跟猶太商人有生意往來的日本商社員工會用日語的「一九」來稱呼猶太人，這是因為「一」加「九」的日語諧音近似於「Jew」。日本人以為猶太人聽不懂日語，便毫不避諱地在他們面前說「一九」。

然而，猶太人可是語言天才，「至少會說三種語言」是他們引以為傲的專長之一。他們早就知道「一九」的含義，聽到「一九」便立刻明白日本人是在歧視猶太人，日本人的心思在他們面前早已暴露無遺。

若猶太商人早已深諳日本的隱語，而日本人卻不了解猶太人的隱語，那麼雙方根本無法在同一個層次上交鋒。

◎kike——意指惡劣的猶太人。

◎sheeny——意指比「kike」還要惡毒好幾倍的猶太人。這是用來指稱那些為了錢而不擇手段，甚至採取荒唐手段的猶太人。如果你對猶太人說：「你這麼做不就跟sheeny沒什麼兩樣了嗎？」對方一定會驚訝得目瞪口呆。

◎GANSAMAHA——跟「kike」和「sheeny」完全相反，意指「極其有良心的商人」。如果你對猶太人說：「你真是GANSAMAHA啊！」他們會非常開心。

專欄❹——在日猶太人的富豪

難以估算的財富

在昭和四十五年度（1970年）的高所得者排名中，居住在神戶的猶太人大衛・加布里耶爾・沙遜（David Gabriel Sassoon）名列全日本的第十一大富豪。

沙遜先生的年收入達到7億4976萬日圓，全部來自於經營停車場和貿易的所得。

日本對地上權的規範相當嚴格，因此經營停車場是再適合也不過的。不僅能以空地的形式保留黃金地段的土地，還能每天收現金——完全是猶太商人會看上的生意。

然而，這位沙遜先生雖然與沙遜家族的首領拉莫．沙遜（Ramo Sassoon）[9]是堂兄弟關係，但與其他在日猶太人相比，只能算是小意思而已。

據說，在日猶太人中最富有的是索爾．艾森伯格（Saul Eisenberg），他在東京千代田區二番町擁有一棟占地3000平方公尺的豪宅。有傳言說他的資產從一億到數十億美元不等，但無法斷定真偽。

此外，還有點唱機大亨柯恩（Cohen）先生等，資產超越沙遜先生的猶太富豪大約有十個人左右。

9 沙遜家族是著名的猶太財閥，發跡於伊拉克巴格達，後來在印度、英國及全球拓展其商業帝國，活躍於貿易、金融和房地產等領域。

Part V

捲走4500億日圓的猶太商法

84 外行的商人先買進，內行的商人先賣出

猶太商法追求的是簡單、高利潤的生意，而「貨幣」就是其中一個最重要商品。

買賣「貨幣」這種商品時，既不需要花費精力思考採購，也不用為了交貨期限或品質等問題煩惱，可說是一門最簡單的生意。更何況，做這門生意完全不用流血流汗的工作。

「貨幣」能夠成為商品並帶來豐厚利潤的時機，是在貨幣價格波動之際。也就是說，這並不是全年都適用的商品，而是期間限定的商品。

「藤田先生，日圓什麼時候會升值呢？」

從昭和46年（1971年）的年初開始，無論是在國際電話中的商談，還是

猶太商人來我的辦公室拜訪時，他們都會不經意、但又很執著地問起這個問題。

事實上，早在同年8月16日美國總統尼克森發布「美元防衛聲明」[1]的半年多前，猶太商人就已鎖定「日圓」這個目標，目的是為了要追求本世紀最大的獲利。

在鎖定「貨幣」這個商品之後，外行人傾向先買進，而內行人則會先賣出。因為賣出之後才能真正賺到錢。在商業活動中，當「賣出」與「買進」同時存在時，交易才能成立。然而，與「買進」相比，「賣出」的利潤幅度通常要大得多。

也就是說，鎖定「日圓」的猶太商人，早在幾個月前就已預測到日圓即將升值，並悄悄地開始拋售美元、買進日圓。他們巧妙地避開日本嚴密的外匯控管規範，悄悄且穩當地將美元輸入日本。

1 意指1971年8月15日美國總統尼克森發表的「新經濟政策聲明」（又稱「尼克森衝擊」）。該聲明的核心內容是要終止美元與黃金的兌換（即停止金本位制），旨在應對美國國際收支逆差和美元貶值的壓力。

異狀始於昭和46年2月……

我用以下的數據來證明：

次頁的圖表，是根據大藏省（現財務省）的資料，顯示了昭和45年（1970年）8月至昭和46年（1971年）8月的日本外匯存底（外匯準備金）成長狀況。

昭和45年8月，日本的外匯存底僅有35億美元——勤勉的日本人用戰後二十五年的時間，辛辛苦苦累積出的血汗結晶，也不過只有35億美元。

然而，自昭和45年10月起，日本的國際收支持續保持順差，外匯存底也逐步增加。每個月約2億美元的順差，基本上可以解釋為對外貿易順利的成果，至少可以判定10月與11月的增長並非是猶太商人在拋售美元。

接著，12月的外匯存底又增加了4億美元，這與年底特殊因素有關，也可以視為是合理範圍。直到昭和46年1月，情況都還在正常範疇內。

時間	外匯存底（單位：億美元）	相較於上個月的增減
昭和45年8月	35	—
9月	35	—
10月	37	2
11月	39	2
12月	43	4
昭和46年1月	45	2
2月	48	3
3月	54	6
4月	57	3
5月	69	12
6月	75	6
7月	79	4
8月	125	46

（大藏省短期資金調查）

真正的異常是從昭和46年2月開始。數據顯示，2月的外匯存底增加3億美元，3月激增6億美元，而到了5月竟一口氣增加12億美元，總額達69億美元，相當於昭和45年8月的兩倍。

只需要用常識判斷，便能明白這短短九個月內累積的外匯存底竟與戰後二十五年的累積金額相當，這是極為不尋常的事。即便日本的電子產品在海外銷售量大爆發，但日本國產彩色電視或汽車銷售量再好，也不可能在九個月內取得相當於過去二十五年的外匯存底增長。

如果能察覺到這一點，就不會說出「這正是日本人勤勉的證據」這種天真的話了。然而，當時的媒體輿論與政府機構全都在自吹自擂，將這一結果歸因於「日本人的勤勉」，完全沒有人覺得這是一種「異常現象」。

這不僅是「濫好人」的問題，更是日本人缺乏國際視野的證明。

對我而言，與其說我感到羞恥，不如說是目睹日本人這種島國心態讓我感到悲哀。這也讓我愈發堅定自己的使命——必須讓日本人盡快開始吃漢堡，成為能站上世界舞台的金髮人。僅僅是為了迎合他國商人，促使日圓升值，實在毫無意義。

85

追求高利潤是商法，追求不虧損也是商法

昭和46年（1971年）5月，當日本的外匯存底達到69億美元時，我預測，在不久的將來，日本外匯存底必將突破百億美元大關。屆時，無論是否情

願，日圓升值都是勢不可免的局面。

於是，我立即調整公司內部的人員編制——出口部門只保留經理、助理及一名打字員共三個人，然後把其餘員工全都調去進口部門。我之所以留下三名員工，而不是完全裁撤出口部門，是基於我的一番考量，這部分我稍後會再做說明。

總而言之，當時正值日本的經濟起飛、社會一片繁榮，做出口的人幾乎沒有賺不到的錢。正因如此，在我強制調換職務之後，引發員工極大的不滿。我對出口部門僅剩的三個人說，今後出口業務只要經營少量的品項即可，其餘的產品一律停止。

「社長，日圓升值的事還是未知數，您怎麼能盲目相信這種不確定的事呢？」

「社長，您是要我們眼睜睜地看著賺錢的機會溜走嗎？」

優秀的員工們紛紛含淚向我抗議。

「放過賺錢的機會也沒關係，現在接出口訂單，將來一定會損失慘重。我只是不想虧損！」

我斷然否決了員工們的抗議。

這段期間，我也接到許多同業冷嘲熱諷的電話：

「多虧您不做出口的生意，我們家接到了500萬美元的訂單。感謝您高抬貴手，您別太在意啊！」

「小心點，馬上就有一股我們無法掌控的力量席捲而來，你們的錢會蒸發的哦！」我好意對他們提出忠告。

「您又在說夢話了吧……」同業如此訕笑著。

就連我的往來銀行也打電話來關心說：「貴公司為什麼突然暫停出口業務了呢？」

「什麼為什麼？因為接下來世界會天搖地動！」我回答說。

銀行也是一副摸不著頭緒的樣子。但對我來說，我只相信數字，數字永遠不會說謊。進入6月之後，日本的外匯存底又增加了6億美元，達到75億美元。暴風雨即將來襲，我也因此確信自己的預測沒錯。

遍體鱗傷的日本

與此同時，我從猶太商人那裡收到風聲，他們正在「賣美元給日本」。日本的外匯存底異常增加，果然是猶太人的美元賣盤導致的結果。

到了7月，外匯存底達到79億美元，在短短兩個月內增加了10億美元。

猶太人開始用國際電話確認日本這邊的外匯市場是否仍在運作。

「市場收盤了嗎？」

「不，還在交易時間內。」

「真的嗎？不是騙人的吧，真的還開著的嗎？哦，原來如此。」

他們一旦確認外匯市場還在運作，便會像事先彼此商量好一樣，發出既像驚訝又像感嘆的聲音。

某個在芝加哥飼養七百萬頭豬的猶太商人，更是露骨地對我說：

「這可是千載難逢的好機會，比起把我的豬全賣了，賣掉幾千萬美元能賺得更多。如果您能告訴我日圓升值的準確日期，我會把我賺到的錢分一半給您。」

「No, thank you.」我緊咬著嘴唇，忍受這種屈辱。

日本正被猶太商人們分食得體無完膚。我們的政府究竟在做什麼？究竟還在發什麼呆……

我的猶太朋友和國外銀行界友人都紛紛勸我趕快賣出美元。不用等他們建議，我早就知道現在賣出美元絕對能大賺一筆，我要賣早就在我縮編出口部門時賣了。我甚至自豪自己是「唯一一個能靠賣美元賺錢的日本人」。但正因如此，我下不了手。因為如果我賣美元賺錢，日本國民就會蒙受損失。我不想賺這種錢，從猶太人身上賺錢才是我的原則。

對於這些賺錢的機會，我一概充耳不聞，我只要專注於不讓自己賠錢即可。

雖然我被稱為「銀座的猶太人」，但同時我也是一個兩千年來有祖國可歸的男人，我無法從祖國榨取利益。

86

「無能」等同於犯罪

發生前述「尼克森衝擊」事件的前後，猶太人瘋狂拋售美元的行為幾近失控。這些美元賣盤全都是以現金交易的。到了昭和46年8月，日本的外匯存底比前一個月增加了46億美元，累積至120億美元。僅僅一個月的時間，日本吸納的外匯金額就遠遠超過戰後二十五年的加總。能夠自由調動如此龐大現金的，除了猶太人以外，別無他人。

但即使在尼克森發布「美元防衛聲明」之後，日本依然嘗試買進美元以支撐匯率，也沒有要護盤而關閉外匯市場的意思，甚至仍緊抓著固定匯率制不放。

「日本政府是在打瞌睡嗎？照這樣下去，日本會破產的！」我的猶太朋友塞繆爾．戈德施塔特（Samuel Goldstadt）不可置信地說。雖然嘴巴這麼說，但他們仍日以繼夜的賣出美元。

還有猶太人說：「對手可不是一般的公司，而是日本政府啊！這種對手絕對不會跳票。這是穩賺不賠的交易，繼續賣！一直賣就對了！」

「我是向銀行借美元來賣的，即便要付一年10％的利息，依然能賺得盆滿缽滿！」猶太人一邊淚光閃閃地這麼說，一邊感謝慷慨又愚蠢的日本政府，然後繼續瘋狂地賣出美元。

同一時間，日本的政府官員在國會的答辯更是荒謬，他們說：「我們絕不允許外國人透過投機行為賺錢。所有賺錢的人，我們都會對他課稅！」

我很想反問他們：「如果不是外國的猶太人賺了錢，那麼日本的外匯存底怎麼可能在一年內增加到接近戰後二十五年累積的四倍呢？還有，政府打算怎麼對住在國外的猶太人課稅呢？你確定你課得到稅嗎？」

唉，實在太蠢了，他們怎麼可能繳稅呢！

導致「每位國民損失5000圓」的內幕

在日本面臨本世紀最大困境的時候，那些政壇的大人物究竟在做些什麼呢？我就直說了吧，有位大人物正在輕井澤打高爾夫，還打出了一桿進洞，欣喜若狂地說：「今天是我這輩子最美好的一天！」

我對政治了解不多，但若是在一間公司裡，公司已陷入虧損數千萬，甚至數千億日圓的困境，而社長還在打高爾夫……這會有什麼結果呢？就算社長上吊自殺向員工謝罪，恐怕也無濟於事。

日本這次的損失，恐怕會像二戰結束時那樣，以「全體國民都有責任，我們需要一億人總懺悔」的論調來推卸責任吧。毫無疑問，政府會以「這是我們每一個人的責任」為理由推卸責任，然後把損失轉嫁到稅金上，讓全體國民共同承擔。我們根本不需要「只會讓人民利益受損」的政治家。就算沒有政治家，國家也可以正常運作，而且人民還不用繳稅養這群人。

問題是，他們要怎麼彌補這次的損失呢？

猶太人以1美元兌360日圓的價格賣出美元，隨後日圓升值至1美元兌308日圓，若此時買回美元，他們每賣出1美元就能賺52日圓。反之，日本每1美元的資產就會損失52日圓。。

以1美元兌308日圓的匯率計算，日本的損失總額估計約為4500億日圓，平均每位國民需承擔5000日圓的損失。

日本專賣公社（現為日本菸草產業JT）辛苦賣了一年香菸，從國民手中吸取的專賣金額，短短一瞬間就這樣煙消雲散了。

面對這樣的局面，那些被稱為「政治家」的無能之輩，卻只是袖手旁觀。在我看來，「無能」完全可以稱得上是一種「犯罪」。

87 猶太商人炒作外匯的「解除契約商法」

在尼克森的聲明發布後，日本政府仍選擇開放外匯市場，拼命買進美元以支撐匯率。我推測此一行為背後的原因，是日本認為自身的外匯管理制度很嚴格，足以防止任何投機性的美元賣盤進入市場，從而掉以輕心。

確實，日本的外匯管制表面上看似能有效阻止外國人投機美元，但實際情況卻截然相反。那些在外匯管制下理應不會發生的投機操作，卻大規模地進行，導致大量美元湧入日本——猶太商人抓住日本外匯管理制度中的法律漏洞，反向利用了其規範。

他們盯上的，是日本實施的「外匯預付制度」。

這項制度起源於日本戰後對美元的強烈渴求——政府鼓勵出口商與客戶簽訂

契約後，先行收取訂金。然而，這項制度卻隱藏著一個致命的漏洞，即允許「解除契約」。

猶太商人正是利用外匯預付制度和解除契約的規定，在幾乎等同於封閉的日本，光明正大地完成美元兌換日圓的交易。

如前文所述，商業交易需要先有「賣出」，再有「買進」，交易才能成立，並產生利潤。猶太商人僅僅賣出美元，準確來說並未獲利。只有在日圓升值後，以日圓買回美元時，匯差才成為實際的利潤來源。而這種「以日圓買回美元」的操作，正是透過「解除契約」實現的。

猶太商人透過與日本出口業者簽訂契約，充分利用外匯預付制度，將美元賣入日本市場。當他們以日圓買回美元時，只需解除契約即可。簽約時，他們以1美元兌360日圓的匯率賣出美元；解除契約時，他們以1美元兌308日圓的匯率買回美元，其中52日圓的匯差，便成為淨利潤。

外匯市場「異常冷清」的真相

日本政府直到尼克森發布聲明的十天後，也就是8月27日，才察覺這種異常情況，並於8月31日決定限制外匯預付制度。然而，這並非全面禁止，而是規定每日交易金額不得超過1萬美元，超過的部分必須接受日本銀行的審查。

在這之後，外匯市場變得「異常冷清」，新聞媒體紛紛報導此事。

這種情況並不令人意外，因為當時全球的猶太商人早已將美元兌換成日圓。當日本銀行提出審查要求時，猶太商人對「日圓」已毫無興趣。「冷清」的外匯市場，只是暴風雨前的寧靜——他們正在靜靜地計算，要以何種匯率買回美元最為有利。

大量美元湧入日本，使日本的外匯存底激增至150億美元。然而，猶太商人看準日圓的升值潛力，仍然厚顏無恥地繼續賣出美元，試圖賺取更多利益。

「只要外匯存底突破200億美元，日圓升值便無可避免。一旦匯率從1美元兌308日圓升至270日圓，1美元便能再帶來額外40日圓的利潤。」

這正是猶太商人打的如意算盤。

然而，他們賺的每一筆錢，都是以日本國民的淚水與損失為代價。日本不得不因此承受沉重的稅務負擔。

彌補匯損的對策

事情到了這個地步，其實還是有辦法彌補損失的。

第一個方法，針對那些「解除契約」的交易，要求他們以最初1美元兌360日圓的匯率買回美元。

第二個方法，若簽訂契約、外匯預付之後，商品未在一年內出口，交易即視為無效，此類交易同樣應要求以1美元兌360日圓的匯率買回美元。

只不過，日本政府並不打算實施這兩個對策，而最終損失的8億美元，勢必會由日本國民來承擔。

無論如何，必須削減異常膨脹至150億美元的外匯存底才行。根據昭和47年（1972年）3月31日的數據，日本銀行發行的日銀券（紙幣）總額為5兆6862億日圓，而150億美元約合4兆5000億日圓，這相當於有與日銀券發行總額相近的外匯流入日本。

若受這些美元的影響，導致大量日銀券流入國際市場的話，日本經濟就會陷入危機。雖然這並非政府的本意，但這也是必須減少美元存底的理由之一。

減少美元存底之後，會帶來什麼變化呢？

日本政府可能會再次轉變態度，從視出口業者為「賣國賊」，轉為大力提倡「振興出口」。而我早有準備，我之所以在公司的出口部門保留三名員工，就是在等時機成熟。為了再次展開出口業務，就不能抹滅任何可能性。

因此，即便處於當前的局勢之下，我依然維持一年約100萬美元的出口業務。雖然日圓大幅升值16．88％之後，我一年會損失17萬美元，但我主攻的進口業務則會帶來龐大收益，讓我完全彌補掉這些損失。

損失慘重的日本出口業者

最淒慘的，莫過於那些先前對我冷嘲熱諷的出口業者。他們原以為我退出出口市場後，能吃到大量訂單，如今卻被逼得喘不過氣來。

當時，美國的買家強迫他們承擔10％的附加費用，隨著日圓升值，他們還得自行吸收匯兌損失。若被迫取消契約的話，則會面臨國內供應商的訴訟，要求他們必須履行契約或支付賠償金。即使嘗試與美國買家協商，昂貴的國際電話和電報費用又會讓他們雪上加霜。

「進口是一場危險的賭博，出口才是穩賺不賠的生意！」那些曾自信滿滿、誇誇其談的出口商，如今卻只能無奈地承受現實的打擊。

聚集了眾多優秀人才的大藏省（現財務省），竟未能察覺我在前文圖表中呈現、那些簡單數字背後的真相，甚至沒有把「大量美元湧入日本」這件事視為是異常現象，反而為了外匯存底增加沾沾自喜。在我看來，這無疑是島國日本人對舶來品的自卑心理之具體表現。

88

「看到紅燈要停下來」的基本常識

當美國不惜一切實施美元防衛策略時，日本並沒有關閉外匯市場，反而急於買進美元以支撐匯率。這種愚蠢的行為，讓猶太人感到非常驚訝。

「我們看到紅燈亮了，當然會停下腳步。日本人難道連這麼簡單的常識都不懂嗎？」

猶太人很直白的表達他們的震驚。

昭和46年（1971年）5月，日本的外匯存底暴增12億美元，這是很明顯的「紅燈」訊號。然而正如猶太人所言，日本政府卻連看到「紅燈」要停下來的常識都沒有。

猶太人原本以為，日本政府在看到這個訊號後會立即採取對策。但出乎意料的是，日本政府完全沒有任何行動。

「日本什麼時候會關閉外匯市場？」

猶太人一邊打電話詢問，一邊指揮瑞士的銀行匯出美元現金，並瘋狂地賣出美元兌換日圓。

自5月以來，特別是在尼克森的聲明發布之後，日本仍然繼續開放市場。這對猶太人來說，是意料之外的驚喜。面對日本政府如此大方撒錢的行為，猶太人自然是狂喜不已。

喜極而泣的猶太人

我的猶太朋友海曼・馬索伯（Hyman Massover）在同年的9月2日病逝。但我總覺得，日本政府要對他的死負責。他大概是因為這波日圓升值暴賺，最後被滾滾而來的鈔票淹沒到窒息，狂笑著斷氣。

猶太人就是這樣熱烈歌頌毫無作為日本政府。一邊嘲笑日本的政治家，一邊數著堆積如山的鈔票。

89 猶太商人擅長「在柳樹下尋找第二條泥鰍」

因為日圓升值而大賺一筆的猶太人，必然會在兩年內再次瞄準日圓。他們肯定會再次逼迫日圓升值，再次從中獲利。若日本稍有鬆懈，勢必重蹈覆轍，又再次讓日圓升值，讓猶太人賺得盆滿缽滿。

人類總是會重複犯同一個錯。特別是缺乏國際意識的日本人，如果再不上緊螺絲，這次的錯誤很可能會再次發生。

戰後，日本維持1美元兌360日圓的匯率，而韓國的匯率則長期保持在1

美元兌270韓圓。按照常理來說，兩者的匯率應該要相反才對，但卻因為美國的政策，導致了此一結果。

隨後，韓國讓韓圓貶值，如今的匯率為1美元兌30韓元。我認為，日圓未來很可能會再度升值，回到與先前韓元相近的1美元兌270日圓。

總而言之，經過這次16.88%的升值之後，日圓匯率變成1美元兌308日圓。雖然上下波動幅度設定為各2.25%，匯率上限為301.7日圓，下限為314.93日圓，但距270日圓還有約30日圓的空間。因此，未來極有可能面臨激烈的美元拋售潮，並引發日圓再度升值。

各位對「日圓可能再次升值」這一點絕不可掉以輕心。

猶太商人極為擅長「在柳樹下尋找第二條泥鰍」[2]。

2 語出日本的俗諺，意指猶太商人善於等待機會，即便已成功一次，他們仍會不斷尋求再次獲利的可能。

專欄❺——「日本的猶太人」小史

日本在開國前迎來第一位猶太人

第一位踏上日本國土的猶太人，可以追溯到十六世紀。當時，一艘載有德國人與波蘭人的船隻進入長崎縣平戶港，其中包括兩名猶太人，分別為醫生與翻譯。據說，他們中的一人還與日本女性結婚。

後來因德川幕府的鎖國政策，猶太人與其他外國人一樣，無法繼續前來日本。一直到了明治元年（1868年），隨著日本開國，猶太人也很快抵達了橫濱與長崎。根據橫濱外國人墓地的紀錄顯示，明治二年（1869年）埋葬了一名猶太人；明治三年（1870年）又有五人長眠於此。在日猶太人的社群起源於長崎港附近，當地設有猶太教會和墓地，形成了一個約一百人規模的猶太人社區。

這些猶太人負責向進港的外國船隻補給牛奶、水和糧食。

明治三十七年（1904年），日俄戰爭爆發，俄國船隻不再進港，加上進出長崎的船隻數量急劇減少，導致這個港口城鎮的重要性不如以往。無法賴以為生的猶太人陸續移居到神戶、上海等地。於是，在日猶太人其中一個據點，便從長崎轉移到了神戶。

到了大正九年（1920年），長崎已經看不到猶太人的蹤跡了。

受第一次世界大戰影響，被迫再次遷徙的猶太人

受到日俄戰爭的影響，長崎的猶太人遷往神戶。這個時期，日本的猶太人主要居住在橫濱與神戶，兩地各有一百人左右。雖然他們並未刻意組成一個有秩序

的組織，但在遇到問題時，大家往往會聚集起來，共同度過難關。

這時，又發生了一件威脅猶太人生活的大事，那就是第一次世界大戰爆發了。由於日本是參戰國，自家的貿易活動因此出現許多障礙，到了大正六年（1917年），日本出口貨物的裝船作業被迫全面暫停。

這對靠貿易港口的商業活動來維持生計的猶太人來說，無疑是致命的打擊。於是，他們紛紛聚集到橫濱，等待前往美國的船隻。

聚集在橫濱避難的猶太人

1917年美國修訂了移民法，限制了移民數量，這讓猶太人的情況雪上加霜。本已寄望於前往美國的猶太人，如今被迫滯留在橫濱，其中大多是婦女和小孩，這是因為他們的丈夫為了籌措家人的船票費用，都已提前去了美國。

橫濱的帝國飯店是這些猶太難民的主要據點，約有一百人在此等待赴美的船隻。此時，世界各地的猶太人也展開救援行動。俄國、美國等地的猶太代表都為了救援這些同胞來到日本，充分顯示出猶太民族的團結力量。最終，美國再次修訂了移民法，讓猶太人能夠自由前往美國，也避免事態再次惡化。

隨著第一次世界大戰結束，在日猶太人遇到的下一個危機，是大正十二年（1923年）發生的關東大地震。許多居住在橫濱的猶太人因此喪命，倖存者則離開了這片廢墟，移居到了神戶。

第二次世界大戰時逃離納粹魔掌的猶太人

第二次世界大戰是猶太民族歷史上面臨的最大苦難。納粹的魔掌伸向全世界的猶太人，日本的猶太人社群也籠罩在這片陰影之下。許多歐洲的猶太人逃來日本的敦賀港，而神戶的猶太人社群也湧入大量避難者。

如同一戰期間在日猶太人聚集在橫濱，二戰期間，在日猶太人則聚集到神戶。他們之中有許多人後來輾轉遷往美國、澳洲或上海。

為了逃離納粹的魔掌，日本的猶太人與其他地區的猶太人緊密合作，互助安排把同胞送往安全的地區。太平洋戰爭爆發後，與其他在日外國人一樣，神戶的猶太人也遷移到了輕井澤。

今天的猶太人社群……東京和神戶

二戰結束之後，在日猶太人離開了輕井澤，在東京和神戶建立了兩個主要的猶太人社群。

隨後，中國赤化，中華人民共和國成立，許多原本居住在上海、哈爾濱的猶太人移居到日本，這也讓在日猶太人的社群規模達到史上最大。

目前，神戶有三十五戶猶太家庭，共計一百二十五人，其中包括二十七名兒童。1958年，日本政府向猶太人關西分部核發了登錄許可證。

東京的猶太人社群由一百五十戶家庭組成，總人口約八百人。他們以位於東京都涉谷區廣尾三丁目八番八號的日本猶太教團為中心，設有圖書館、學校、餐廳等完善設施。

除了每週一次的禮拜活動外，猶太社群還會舉辦電影放映、討論會、《聖經》與《塔木德》研究會，也有音樂會等多元活動，持續強化猶太人之間的精神聯繫。

猶太家庭通常會居住在距離教會車程十五分鐘以內的區域，主要分布在涉谷、麻布、六本木、世田谷及青山等地。這樣的安排是考慮到若發生緊急情況，他們能迅速趕到教會。

猶太人在日本的職業多以貿易商為主，特別是金屬、紡織品、相機及電子工程類產品的貿易。此外，也有醫生、大學教授、音樂家與工程師等。跟移居日本的初期及中期相比，在日猶太人的職業如今更加多元化。

Part Ⅵ

猶太商法與漢堡

90

整條馬路的人都在吃漢堡

昭和四十六年（1971年）7月20日，我與美國最大的連鎖漢堡品牌「麥當勞」共同出資50％，創立了「日本麥當勞公司」，由我擔任社長，在銀座三越百貨的一樓，開設了一間50平方米的漢堡店。

一開始，三越預估漢堡的日營業額約為15萬日圓，表現好的話也不過20萬日圓。然而，我的預測是每天可以賣出四千個漢堡。以每個漢堡80日圓計算，四千個就是32萬日圓。去掉零頭，我預估一天應該能賣到30萬日圓。

然而，實際營業後的結果讓我大吃一驚。一天的營業額不僅僅是30萬日圓，而是達到了100萬日圓的驚人數字。這種盛況不僅出現在開幕當天，而是持續了好幾天。

熱賣到連最新型的收銀機也冒煙了

為了讓大家了解這個營業額的驚人程度，讓我來具體說明一下。

這間漢堡店每天的來客數超過一萬人，搭配漢堡一起販售的可樂一天就能賣出六千瓶。在此之前，東京都內可樂銷量最高的地方是豐島園遊樂園，但我們的銷量遠遠超過了它。

這樣的銷售量甚至讓我們最新型的收銀機「Cornelius 400」冒煙故障。號稱全世界最好的收銀機——瑞典製的「Sweder」不堪負荷壞掉了；從美國運來的製冰機因為忙到無法關上它的門也壞掉了；奶昔機也壞掉了……店內幾乎所有的機器都一台接著一台壞掉了。

我們既沒有用棍子敲打，也沒有用暴力使用這些機器。純粹是因為銷量過大，導致機器的運轉超過其負荷極限。

年營業額3億日圓的「職場」

名為「Sweder」的收銀機是號稱「絕對不會壞的機器」，所以我才將之引進。然而，我的店才剛開幕，它就出了問題。維修人員趕到現場後，看到店內人山人海的情況，驚訝得合不攏嘴。他說：「在日本，就算是操作收銀機最頻繁的超市，每5秒操作一次，這款機器也毫無問題。但在你這裡，每2.5秒就得操作一次……這樣的頻率實在太高了，機器難免會過熱。」

製冰機壞掉的原因也一樣。有朋友調侃我說：「喂，我這輩子還是第一次喝到這麼溫的可口可樂！」

一般50平方米的餐廳，一年的營業額約為1000萬到1500萬日圓，而我估算這間店若持續這樣下去，一年賣到3億日圓都不成問題。看到這裡，大家應該能感受到這間店的驚人銷售成績。

步行者天國＝漢堡餐廳

有這麼多的顧客湧入店內，根本不可能讓大家擠在店裡用餐，畢竟這個50平方米的空間有絡繹不絕的顧客上門。幸運的是，三越百貨的前方正是國家的馬路。拿著漢堡從三越走出來的客人，就在這條馬路上大快朵頤。

特別是到了星期天，銀座三越前的國道一號會禁止車輛進入，成為步行者天國。這麼一來，國家的馬路就搖身一變成為麥當勞的露天餐廳。在日本地價最高的銀座，我們能夠免費把這片廣大的土地當作自己店鋪使用，每天還能創下100萬日圓的營業額，這種愉快的感覺真是讓人忍不住跳起舞來。

我計畫在全日本開設五百間麥當勞的門市。一旦實現，將徹底改變日本的餐廳與食堂地圖。光是用想的，就讓我興奮不已。

91 商人的思維必須柔軟有彈性

當我提出要開漢堡店的想法時，許多人都給我各式各樣的建議：「日本人是吃米和魚長大的，怎麼可能接受麵包和肉做成的漢堡呢！」

也有人勸我：「你應該調整漢堡的味道，讓它更符合日本人的口味。」

辨識「暢銷商品」的方式

我心裡很清楚，在猶太商法中，漢堡是屬於「第二類商品」，而這種商品絕對會大賣。數據也顯示，日本的米飯消費量正逐年減少，時代正在改變。因此，我非常有信心，即使是以往習慣吃米飯和魚的日本人，也一定能接受漢堡。

至於「調整口味以符合日本人味蕾」的忠告，我則選擇無視。如果調整口味之後的銷量不佳，肯定會有人批評「這是因為我改變了原本的味道」。所以，我決定原封不動地呈現麥當勞的口味。

銀座、新宿、御茶之水……以年輕人為目標客群的致勝商法

在決定7月20日要在銀座三越開店之後，我立刻去找一位在東京某終點站的百貨公司食品部工作的前輩，向他提出：「這個終點站是我很早就留意的地點，能不能讓我在這裡賣漢堡呢？」

不料他卻嗤之以鼻的說：「別開玩笑了！怎麼可能用我們寶貴的樓層去賣這種像麵包上長毛的東西呢！」

然而，當漢堡在銀座爆賣的消息傳開後，這位前輩臉色蒼白地跑來找我：「藤田君，您能幫我一把嗎？」

我回答說：「恐怕沒辦法。被您拒絕後，我立刻去找新宿車站前的二幸[1]洽談，現在我已經決定要在二幸開分店了。」

二幸的麥當勞分店於昭和四十六年（1971年）9月13日開幕，這裡的主要客群是年輕人，生意同樣相當火爆。此外，我還在學生聚集的御茶之水車站、大井阪急飯店、橫濱松屋、川崎小美屋、代代木車站前，以及東京車站八重洲地下街開設分店，每一間店的營業額都穩定成長。

說到底，那位前輩缺乏先見之明，過度拘泥於「日本人只吃米飯」的固有認知，因而錯失了良機。相較之下，三越百貨就顯得十分有遠見，願意冒險把自家的屋簷出借給一個未知的產品——這是松田社長與岡田專務的英明決策，值得銘記在史冊上。

要培養先見之明，關鍵在於保持思維的柔軟性，排除既有認知。

1 二幸是日本的老牌百貨公司，曾是新宿地區的重要商業設施之一，亦是當地的知名地標。

92

「口耳相傳」才能贏得顧客信任

麥當勞的漢堡，從芥末醬到番茄醬，全都是專門訂製品。

在牛絞肉方面，每人每天至少要攝取40克，而麥當勞則更進一步，每個漢堡都提供45克的優質牛肉，超過人們每日所需的營養。換句話說，只要吃一個漢堡，就足以滿足人們一天的需求。

「美國人」成為漢堡的宣傳大使

這一點，居住在日本的美國人非常清楚。或許是因為漢堡引起他們的鄉愁，這些美國人常常光顧麥當勞，我們有一成的顧客都是美國人。他們吃到久違的漢堡之後，心情往往相當激動，經常會拉住身旁的日本人，向他們宣傳麥當勞漢堡的美味：「這個漢堡是百分之百純牛肉做的喔！麥當勞可是美國最大的漢堡品牌，味道也是第一名呢！」

有一次我在店外徘徊時，就被一位美國老人抓住，長篇大論地向我吹噓麥當勞的漢堡。

或許是因為美國人蜂擁而至，進而帶動了日本人開始品嘗漢堡。無論如何，目前我們暫停了宣傳工作。如果隨便宣傳，可能又會讓剛修好的機器設備再次冒煙損壞。

儘管如此，由於外國人以漢堡為榮，使得漢堡在日本大賣，這一點實在令我感激不已。事實證明，口耳相傳的宣傳方式，是獲取顧客信任最有效的方法。

93 商人要掌握人類的欲望

「一天賣出1萬個80日圓的漢堡」，這代表漢堡這項商品沒有銷售尖峰時段。一般餐廳到了用餐時間，人潮才會開始湧現，但漢堡則是從早到晚，隨時都能賣得很好。漢堡既不像點心，也不像正餐，它是一種可以靈活轉換身分的食物——它能同時扮演點心與正餐的角色。

如今，如果您和家人去餐廳吃飯，想用1000日圓解決一餐幾乎是不可能的事，但如果咬上一口麥當勞的漢堡，麥當勞也可以成為家庭餐廳，這也是漢堡能爆紅的原因之一。

此外，漢堡還滿足了人類「用手抓取食物」的本能欲望。我們無法一邊開車一邊使用刀叉，但卻可以拿著漢堡輕鬆送入口中；工作的同時也可以隨時享用。

也就是說，漢堡是一種具備現代感的食物。

那個商品為什麼會如此暢銷？

日前，因為某雜誌的策劃，我與評論家扇谷正造先生進行了一次對談。他提到：「大概是因為新奇的緣故，才有人吃漢堡吧？」

我問他：「您吃過漢堡嗎？」

他回答：「還沒有。」

於是我反駁他說：「您沒吃過怎麼能說是因為新奇才有人買呢？如果真是因為新奇，那麼最多也只會紅三天，第四天開始顧客就會減少了。」

例如，中午用餐時間，有大量ＯＬ會來麥當勞消費。由於女性通常會精打細算，很快就發現80日圓的漢堡非常划算，願意再次回購。而男人通常對價格高低毫無概念，只是跟隨潮流罷了。

我認為我的漢堡之所以熱賣，是因為各種不同的因素都朝好的方向作用發展。我也因此深刻感受到，準確掌握人類的需求，並遵循猶太商法的原則，對做生意有多麼重要。

94 再說一次：隨時都要鎖定女人和嘴巴

猶太商法聚焦的第一類商品是「女人」，第二類商品是「嘴巴」，這是我多次強調的原則。

漢堡雖然是瞄準「嘴巴」的商品，但更具體的說，這是針對「女人嘴巴」的商品。看到這裡，我想各位都明白了，我是刻意透過漢堡來瞄準「女人」和「嘴巴」。既然猶太商法四千年來的「公理」告訴我要「鎖定女人和嘴巴」，那麼我的經營之道只要遵循這個公理，就一定會成功。

結果正如前文所述，漢堡的銷售情況異常火熱。麥當勞有一項規定：漢堡製作完成後，只要超過7分鐘就必須丟棄。但實際情況是，漢堡剛做出來就被搶購一空，根本不存在需要丟棄的問題。

遵循猶太商法的定石，生意就會蒸蒸日上。我再次體認到，只要是生意人，就一定得遵循猶太人四千年的「公理」才行。

在此，我必須澄清一件事，以免引發誤解。

先前我曾提到，我最厭惡「早吃早便……」這句話，還說用餐應該要慢慢地、奢侈地享受。

對於這樣的我，竟然涉足被認為是粗糙的漢堡餐飲，有人可能會提出異議。的確，當一天的戰爭結束、太陽西下、人們從工作中解放出來時，理應慢慢享用豐盛的晚餐。然而，中午是工作的時間，應該全力以赴地努力工作，晚餐再去享受豐富的餐點。中午如同戰場，因此需要適合戰場的餐飲。也就是說，只要迅速地吃下「商務餐」即可。而麥當勞的漢堡，正是這種商務餐的最佳選擇。

因此，我一方面提倡慢食奢華，一方面經營漢堡，這兩件事並無任何矛盾之處。

95 賣你自己不喜歡的商品

經營「自己喜歡」的生意，往往很難順利成功。

例如，喜歡古董的男人開了骨董店，喜歡刀劍的男人開了刀劍店，這樣的生意通常不會順利。原因是，當經手自己喜歡的商品時，很容易沉溺於其中，無法保持冷靜的經營心態。

真正的商人會選擇販售自己討厭的商品。因為在面對自己討厭的商品時，他們會更認真思考要怎麼把它賣出去，也因為知道這是自己的弱點，反而會更加拼命地努力。

我並非出生於戰後，因此仍是以米飯為主食，我其實不太喜歡漢堡這類食物。然而，正是因為我不喜歡漢堡，我才決定要販售它——漢堡成為最適合我的「商品」。

至今，我的進口業務仍以女性飾品與手提包等商品為主力，而且我主張百貨公司應該要把這類商品放在一樓銷售。結果，現在全日本兩百六十間百貨公司的一樓都設立了女性飾品與手提包賣場。

然而，身為男性，我既不佩戴飾品，也不可能提著包包上街。正因為這些商品與我無法產生共鳴，我才更能以冷靜的眼光，將它們視為純粹的商品來經營。

在全日本的百貨公司賣漢堡

這次，我改變了策略，不再主張百貨公司的一樓要販賣飾品及手提包，而是要改開漢堡店。畢竟，麥當勞每天能吸引一萬名顧客光臨。你找不到任何像漢堡這樣的商品，能像磁鐵一樣把人潮吸引過來。有這麼多顧客因漢堡而來，自然也會有更多人順勢走進百貨公司的其他樓層，帶動整體營業額。

在我看來，漢堡進入日本市場，正如同食品業界的「鳥羽伏見之戰」[2]。我把漢堡視為是錦旗，接下來即將要震撼日本的餐飲業界。

這個世界奉行「勝者為王」的規則，做生意也是一樣的道理。在鳥羽伏見之戰中，沒有人預料到新政府軍會獲勝。同樣的，當漢堡剛進入日本時，沒有人相信它會成功。大家只會說「日本人喜歡的是飯糰，怎麼可能吃麵包」這樣的話。但我想告訴他們：「等著瞧吧，漢堡一定能成為最後的贏家，主宰整個餐飲業界！」

麥當勞一號店開幕當天，有一位某大型超市的食品部長來找我，一開口就貶

2 意指1868年1月於日本明治維新期間發生的一場關鍵戰役，也是幕府末期新舊勢力的對抗。該戰役象徵舊時代的結束和新政府的崛起，是明治維新的開端和日本近代化的轉捩點。

低漢堡，他說：「什麼百分之百的牛肉？不可能吧！高級絞肉沒有加任何添加物的話，怎麼可能完美成型呢？」

「的確，日本目前的技術沒辦法做到這種程度。但國外有專用的機器，輕輕鬆鬆就能讓絞肉黏合成型。我只是引進這種機器，把成型的漢堡肉加熱後夾進麵包裡而已。」我四兩撥千金地回答他的問題。

正中紅心的「厚利多銷法」

某間公司的社長曾對我說：「不管怎麼看，這樣的商品只賣80日圓，實在讓人難以置信。100克售價200日圓的肉，使用45克就要90日圓！您是不是打算一開始先賠錢，然後再慢慢賺回來呢？」

我笑著回答：「我可是『銀座的猶太人』，怎麼可能開一間一開始就賠錢的公司呢？」

在麥當勞的商業模式中，稅前必須確保20%的利潤，這樣就一定能獲利。還有人質疑說：「你們一個咖啡紙杯就要15日圓，這樣怎麼可能賺錢呢？」我們店裡的確有賣一杯50日圓的咖啡，從奶精到糖一應俱全，卻只要價50日圓，相當便宜。因此，有人提出這樣的質疑也情有可原。

對此我解釋說：「國產紙杯的成本確實需要15日圓，但美國製的紙杯卻只要3．8圓。我直接從美國進口紙杯，完全不會賠錢。」

我的經商原則是「絕不做虧本的生意」。

96

我向您保證一定能賺大錢

為了以「出資比例各半，社長以下全員僅雇用日本人」的條件成立日本麥當勞公司。我特地從美國麥當勞總公司請來了兩名指導員。

昭和四十六年（1971年）7月20日，銀座三越一號店開幕當天的清晨7點半，我被這兩位外國人的電話吵醒。

「我們現在人就在店門口，怎麼一個員工都沒見到？」

當下，我一度懷疑這兩個老外是不是瘋了。

「藤田先生，開店前三小時至少就要有員工到店啊……現在我們進不去，只能破門而入，請您批准。」

我允許了。我自己是在早上9點才抵達銀座三越。令人驚訝的是，店內已整理得一塵不染。

這兩個老外不是光說不做，而是以身作則，親自示範該如何工作。

我在這本書中，列舉了將近一百條猶太商法的原則，並根據不同的時機靈活運用它們、實踐這些猶太商法的基本公理。「漢堡商法」也是如此。我在本章中以自己為例，向各位展示「這樣做就能賺錢」的具體做法。

培養在日本長大的「猶太商人」

麥當勞在全球擁有兩千間分店，大部分的店鋪都是由麥當勞總公司購買土地、進行內部改裝，設備安裝完成後，再交給繳納1萬美元保證金的人經營，並向經營者保證20%的利潤。而我計畫要在全日本開設五百間分店，以相同的商業模式推廣漢堡。

不過，即便收取1萬美元（約300萬日圓）的保證金，對我來說意義不大。因此，我的構想是將保證金形式縮減為10萬日圓，以此招募那些認真考慮脫離上班族生活的人，初期我計畫錄用約一百人。接著，我會向這些經我挑選出來的人，保證他們能受猶太商法的指導與賺取巨額財富，最終培養出具有國際視野的「新時代猶太商人」。

專欄❻——猶太人的教典

超越《聖經》影響力的《塔木德》

各位可能會認為，引領世界經濟發展的猶太人應該都擁有某種成功指南書，專門指導他們該如何在經濟與商業活動中取得成就，並世代相傳給子孫。但事實上，這種成功指南並不存在。

相對的，對猶太人的經濟活動或日常生活影響深遠的，是一部名為《塔木德》的猶太教典。

《塔木德》是在公元後約五百年間編撰而成，這部書以希伯來語撰寫，總計有二十卷，內容極為龐大，是一部歷史上猶太民族的最高賢者聚集一堂、進行圓桌討論的紀錄。

《塔木德》探討的主題涵蓋人類從出生到死亡間所能遇到的一切事物——生、死、戰爭、和平、家庭、婚姻、離婚、妻子、孩子、祭祀、假日等，書中對每個議題都展開了深入的邏輯辯論。

當猶太人碰到生活中的麻煩，或是面臨疾病與死亡之際，只要翻閱《塔木德》，就能從中獲得應對方式及具體的指引。

猶太人每天都會閱讀《塔木德》。可能是一天讀兩頁、三頁，有時甚至只會讀五行字。對他們來說，閱讀速度並不重要，重要的是能否將書中的內容與自己的生活方式相互對照並加以理解。

每天閱讀《塔木德》的習慣，或許正是讓猶太民族維持團結一致的祕訣所在。

專欄❼——猶太人的飲食

猶太人的飲食禁忌

猶太人在用餐時，絕不會同時食用牛肉和牛奶。這是猶太教明確禁止的行為。

猶太人常說：「如果同時吃牛肉和牛奶的話，牛就會絕種。」

從中可以推測，猶太教之所以禁止同時食用牛肉與牛奶，旨在教導人們不要趕盡殺絕。

為了滿足那些想同時享用牛肉和牛奶的猶太人，市面上還特別推出了與牛奶極其相似的植物性蛋白質「人造奶」。

此外，猶太教對食物還有許多限制。例如，猶太人不吃豬肉、蝦和章魚等。儘管猶太人自己不吃豬肉，但只要它可以做為商品販售，他們仍然會飼養及販售豬隻。這是因為猶太教雖然禁止教徒食用某些食物，但並沒有限制不能買賣這些商品。

97 想賺錢的人請看這一篇——代替本書後記

您想賺錢嗎？

如果您誠實地回答：「對，我想賺錢！」那麼請您一定要閱讀這本書，並且執行本書所提到的「猶太商法」。只要按照我所寫的去做，您一定能成為金錢所愛慕的對象。就如同好男人總會吸引好女人傾心而至一樣，若您掌握了猶太商法，對金錢來說，您就成為了「最優秀的男人」。

「不，我不想賺錢！」如果這是您的真心話，那麼比起這本書，《如何獲得愛》這類書籍，或是《葉隱》、《佛經》可能會更適合您。

市面上已有許多《經濟學》或《商法》之類的書籍，但奇怪的是，幾乎沒有一本書敢直接告訴您：「這樣做，就一定能賺錢！」這是因為這些書的作者通常都是學者，實際上並沒有真正賺錢的經驗。閱讀這些甘於清貧生活的學者所寫的書，是不可能學會賺錢方法的。

在我進入東京大學之前，我的父親已經過世，因此我在學生時代，必須靠自己賺取學費和生活費。在這段日子裡，我開始鑽研「猶太商法」；大學畢業後，我以貿易商的身分謀生，並在實踐猶太商法的過程中，真的賺到了錢。

賺了錢之後，將財富回饋給社會似乎成為各大企業的主要名義。而這次，我受到 **KK Bestsellers** 的岩瀨順三先生的慫恿，以回饋社會為名，公開了我的「猶太商法」。換句話說，這本書並不是學者的理論性著作，而是一本由真正賺到錢、且被公認為成功商人的「銀座的猶太人」所撰寫的實用商業指南。這本書並非僅僅談論觀念，而是直接告訴您：「這樣做，您就一定能賺到錢。」我可以自信滿滿地說，這是日本第一本具有劃時代意義的實用商業書。

希望各位能在熟讀之後，把本書當作日常生活中的「麻將必勝法」，將之運用在脫離上班族的計畫，或是實踐在公司的經營中。對我來說，這將是僅次於賺錢的最大喜悅。

不過，我要先聲明，如果您讀了本書卻沒能賺到錢，我可是不會把買書的錢退還給您的。原因很簡單，那是因為您絕對沒有完全遵照本書所述的商法行動。如果您能百分之百地依照本書的內容去經營事業，那麼您一定能成為富翁！

此外，為了避免讀者誤解「猶太商法」這個名稱，認為猶太教擁有一套特定的商業模式，我必須做出以下澄清：

就如同「佛教商法」或「基督教商法」不存在一樣，「猶太教商法」也並不存在。我在本書中所說的「猶太商法」，指的是大多數猶太人在經歷其五千年的民族歷史後，所發展並世代傳承下來的商業經營之道。

最後，對於這本旨在幫助讀者成為富豪的優秀書籍能順利出版，我要向KK Bestsellers的遠藤洋子小姐表達衷心的感謝。也請各位讀者與我一起向她表達感激之情。

藤田 田

猶太商法

ユダヤの商法(新裝版)

作　者　藤田田
譯　者　涂綺芳
主　編　郭峰吾

總編輯　李映慧
執行長　陳旭華（steve@bookrep.com.tw）

出　版　大牌出版 / 遠足文化事業股份有限公司
發　行　遠足文化事業股份有限公司（讀書共和國出版集團）
地　址　23141 新北市新店區民權路 108-2 號 9 樓
電　話　+886-2-2218-1417
郵撥帳號　19504465 遠足文化事業股份有限公司

封面設計　陳文德
排　版　新鑫電腦排版工作室
印　製　博創印藝文化事業有限公司
法律顧問　華洋法律事務所　蘇文生律師

定　價　420 元
初　版　2025 年 2 月

電子書 E-ISBN
978-626-7600-34-4（EPUB）
978-626-7600-35-1（PDF）

國家圖書館出版品預行編目資料

猶太商法：日本麥當勞創始人藤田田的不朽商戰名著，「做生意要賺大錢，你就得瞄準有錢人、女人及嘴巴！」/ 藤田田 著; 涂綺芳 譯. -- 初版. -- 新北市 : 大牌出版, 遠足文化事業股份有限公司發行, 2025.2
288 面 ; 14.8×21 公分
譯自 : ユダヤの商法(新裝版)
ISBN 978-626-7600-37-5（平裝）
1. 商業管理　2. 成功法　3. 猶太民族

494　113019971